#onlineLSP

Die Originalausgabe erschien 2020 unter dem Titel "How To Facilitate LEGO® Serious Play® Method Online" bei Promeet.

LEGO® Copyright

LEGO® Serious Play®-Markenrichtlinien

SERIOUSWORK Copyright

Disclaimer

ISBN Print: 978 3 8006 6537 2
ISBN E-Book: 978 3 8006 6538 9

Satz: Fotosatz Buck
Zweikirchener Str. 7, 84036 Kumhausen
Druck und Bindung: Westermann Druck Zwickau GmbH
Crimmitschauer Str. 43, 08058 Zwickau
Umschlaggestaltung: Ralph Zimmermann – Bureau Parapluie
in Anlehnung an die Originalausgabe
Gedruckt auf säurefreiem, alterungsbeständigem Papier
(hergestellt aus chlorfrei gebleichtem Zellstoff)

SO FUNKTIONIERT DIE LEGO® SERIOUS PLAY®-METHODE ONLINE

NEUE MODERATIONSTECHNIKEN FÜR GEMEINSAME MODELLE IM REMOTE-MODUS

Geschrieben und gestaltet von **SEAN BLAIR** in Zusammenarbeit mit JENS DRÖGE
Übersetzt von JENS DRÖGE

Verlag Franz Vahlen GmbH

NORTH
From the perspective of a participant or trainee...
Build a shared model to show your perfect training
WEST
SOUTH
Online Shared Model Building > Language
"Let me pick up an idea / some bricks for you.."
"Where would you like me to put this on the board?"
"North?"
"Was that what you wanted me to do?"
"South?"
"Like here?"
"Like that?"
MacBook Pro

#onlineLSP

Inhaltsverzeichnis

NORTH
SOUTH

Vorwort

Seit 1986 bin ich leidenschaftlicher Facilitator. Damals habe ich meine Ausbildung in der „Technology of Participation" (ToP) des ICA abgeschlossen. Seither ist diese Methode mein Spezialgebiet

Seit 1997 biete ich einer Vielzahl unterschiedlicher Kunden meine Dienste als Moderator an und bilde Menschen in der Kunst der Moderation aus. Seit 2008 bin ich ein Certified™ Professional Facilitator (CPF) der International Association of Facilitators und wurde 2014 in die IAF Hall of Fame aufgenommen. CPF | Meister bin ich seit 2020.

In all diesen Jahren habe ich sowohl länder- und teamübergreifend in Remote-Workshops als auch in Präsenz gearbeitet. Sofern verfügbar, setze ich dabei auch Online-Tools und -Technologien ein.

Ich hatte nie den Anspruch, Online-Moderation zu meiner Kernkompetenz zu machen – bis heute zumindest. Auch LEGO® Serious Play® zählt nicht zu meinem Spezialgebiet, auch wenn ich als Kind auf eine erstaunliche Karriere mit LEGO® zurückblicken kann!

Ich glaube, dass ein Moderator in erster Linie Moderator sein sollte und erst in zweiter Linie ein „online facilitator" oder „LEGO® Serious Play® Facilitator".

Für mich liegt der Schlüssel zum Erfolg in den Werten und der Haltung des Moderators sowie seinen Fähigkeiten und seiner Disziplin, nicht im Ort, der Plattform, den Methoden oder den Werkzeugen.

Und trotzdem möchte ich Ihnen dieses Buch **"So funktioniert die LEGO® Serious Play®-Methode online"** empfehlen. Hier sind drei Gründe warum:

Ich kenne Sean schon lange als einen kompetenten, erfahrenen und versierten Moderator. Fragen sind das Hauptwerkzeug eines jeden Moderators und Sean stellt erstklassige Fragen, die noch dazu treffend formuliert sind. So lautete eine seiner Fragen auf einem Symposium der IAF im Jahr 2013:

„Existiert so etwas wie ein allgemeingültiges Prinzip in der Moderation?"

Nach kurzem Nachdenken antwortete ich, dass ich mit meinem Ansatz diesem Prinzip zumindest nahe komme, denn der „ToP Focused Conversation"-Methode und der ToP-Methodik insgesamt liegt das „ORID"-Modell zugrunde.

Ich weiß, dass Sean diesen Ansatz seitdem sowohl in seine Arbeit als auch in sein Buch „**Die LEGO® Serious Play®-Methode spielerisch meistern**" integriert hat.

Die Idee von ORID als universelles Prinzip hat mich so sehr inspiriert, dass ich begonnen habe, darüber zu bloggen und es in all meinen Trainings zu nutzen.

So wie Sean und ich auch haben sich 2020 viele Kollegen schnell die notwendigen Kompetenzen für die Online-Arbeit angeeignet. Manchen fiel das leichter als anderen, wieder andere zeigten eine größere Begeisterung für die Online-Moderation, gegen deren existierende Beschränkungen viele zuvor noch starke Vorbehalte hatten. Ich glaube aber, dass sich viele Skeptiker im Laufe der Zeit der ebenso existierenden Einschränkungen des persönlichen Gesprächs bewusst und die Vorteile der Online- Arbeit für sich entdecken werden.

Mut machen sich also nicht nur die Anwender von LEGO® Serious Play®, die sich durch die in diesem Buch vorgestellten Innovationen inspirieren lassen. Gerade davon können wir uns alle eine Scheibe abschneiden – nicht zuletzt von der Stringenz und der Kreativität, mit der Sean *„einen digitalen Prozess entwickelt hat, der Steine verwendet, anstatt einen analogen Prozess schlecht und halbherzig in die Online-Welt zu übertragen“.*

In der Online-Moderation bringt jeder Teilnehmer seinen Anteil am Besprechungsraum selbst mit. Insbesondere die Anwender der LEGO® Serious Play®-Methode stellt das vor eine Vielzahl besonderer Herausforderungen. Herausforderungen, auf die dieses Buch auf eine bemerkenswerte Art eingeht.

Wie Sean in seinen Trainings und Büchern immer wieder klarstellt, beruht der Erfolg eines Workshops nicht nur auf der Moderation, sondern zum Großteil auf der Planung und Vorbereitung sowie auf der Fähigkeit, schnell vom Plan abzuweichen und zu improvisieren, wenn es der Moment erfordert.

All dies ist online erheblich komplexer und schwieriger als in der „echten Welt“. Jetzt, da dies alles mit LEGO® Serious Play® machbar ist, sollten wir uns überlegen, was noch alles online möglich ist!

Letztendlich stehen wir vor den großen Herausforderungen des Klimawandels und des Schutzes der öffentlichen Gesundheitssysteme. Für mich ist beides nicht voneinander unabhängig. Beides erfordert neue Wege zwischenmenschlicher Beziehungen, der Kommunikation und der Zusammenarbeit, die zudem weniger CO_2-Emissionen verursachen, coronasicher sind und gleichzeitig einen kreativen und leidenschaftlichen Erkenntnisgewinn fördern. Bei Letzterem kann Moderation eine zentrale Rolle spielen, sowohl mit als auch ohne Bausteinen – und auch durch die Entwicklung guter Online-Formate kann Moderation ihren Beitrag zum Klimaschutz und zur Bekämpfung der Pandemie leisten.

In den letzten Monaten konnte ich in der Branche als Reaktion auf die Pandemie und den Lockdown sowohl einen wahren Quell an Kreativität und Innovation erleben als auch ein hohes Maß an Bereitschaft, diese Ideen auch (online) zu teilen.

Ich freue mich sehr, dass dieses aktuelle Buch pünktlich zur „International Facilitation Week“ erscheint. Ich bin stolz darauf, das Vorwort verfassen zu dürfen, und dankbar, dass Sean sein Wissen mit uns teilt.

Martin Gilbraith, London im Oktober 2020

linkedin.com/in/martingilbraith

Prolog – oder wie die Pandemie Neues geschaffen hat

Der März 2020 sollte eigentlich ein intensiver Monat für mich werden. Mein Terminplan umfasste einen Systemmodell-Workshop, eine Reise nach Frankreich und zwei Reisen in die USA.

Der 11. März war ein Mittwoch und ich war mit dem ersten Eurostar-Zug am Morgen unterwegs nach Paris. Weltweit stiegen die Coronainfektionen, dennoch waren wir in Großbritannien noch sehr entspannt. Am nächsten Tag jedoch verhängten die USA ein Einreiseverbot für die EU, mit *Ausnahme von Großbritannien und Irland* ...

Aber drehen wir die Uhr ein paar Monate zurück: Im Dezember 2019 erhielt ich den Auftrag der US-Armee, hochrangige Militärs in deren Führungsakademie auszubilden. Die folgenden drei Monate war ich entsprechend mit der Planung eines meiner bislang größten Projekte beschäftigt (zur Orientierung: Wir sprechen von 55 Seiten und 37.000 Wörtern).

Am 2. März wurde der Vertrag *endgültig* unterschrieben. Zu diesem Zeitpunkt fühlte sich das Reisen noch sicher an und so buchte ich einen Flug nach Washington DC vom 16. bis 21. März.

Spulen wir wieder vor zu Beginn der Geschichte: Am Tag nach meiner Rückkehr aus Paris hatten die USA ein Einreiseverbot für die EU erlassen, das jedoch Großbritannien und Irland ausschloss. Das Verbot sollte um Mitternacht des 14. März in Kraft treten, sechs Stunden nachdem ich eigentlich landen sollte.

Ich fing an, mir wegen meiner Reise nach Frankreich Vorwürfe zu machen. Ich wusste zwar, dass ich in die USA fliegen durfte, war aber besorgt, dass die Armee ihren Auftrag deswegen stornieren könnte. Nach einem kurzen Telefonat war klar: Ich würde fliegen.

Ich landete in Washington am Nachmittag des 13. März, mietete mir ein Auto und fuhr mehrere Stunden zu meinem Kunden. Am nächsten Tag jedoch, kurz nach Mittag, weitete die US-Regierung das Reiseverbot mit Wirkung vom Sonntag, 15. März, auf das Vereinigte Königreich aus. Großartig.

Nach einem Telefonat mit meiner Familie entschied ich mich für die sofortige Heimreise. Zu warten hätte sich als schwierig erweisen können. Also fuhr ich zum Flughafen und nahm den ersten Flug nach London, nicht mal 24 Stunden nach meiner Ankunft.

In der folgenden Woche wurden landesweit die Schulen geschlossen und am 20. März dann begann der Lockdown. Meine Welt (und die vieler anderer), wie sie war, begann sich auf den Kopf zu stellen.

Jetzt haben wir Oktober 2020 und die Welt hat sich verändert. Persönliche Kontakte sind auf ein Minimum reduziert, die Pandemie hat uns noch immer im Griff und die Wirtschaft steht nicht gut da.

Ende März brauchte ich ungefähr eine Woche, um zu verstehen, dass die Dinge nicht einfach wieder zur gewohnten Normalität zurückkehren würden.

Ich konnte also entweder zu Hause sitzen und warten oder die Situation akzeptieren und den Wandel annehmen. Eine Erkenntnis, die ich vor 20 Jahren erlangt hatte, half mir bei meiner Entscheidung:

Wer Veränderung begreift, nutzt Veränderung, um Veränderung anzustoßen.

In jungen Jahren hatte ich das Glück, unter die Fittiche eines liebenswerten und wunderbaren Mannes namens Michael Frye zu schlüpfen. Eines Tages fragte er mich, was es hieße, Veränderungen zu begreifen. Michael stellte immer vollkommen unerwartete Fragen. Dann sagte er: „Wer Veränderung begreift, nutzt Veränderung, um Veränderung anzustoßen."

Bis zum März dieses Jahres habe ich nie gewusst, was ich mit dieser Aussage anfangen sollte. Wie so viele andere war ich davon überzeugt, dass LEGO® Serious Play® online nicht machbar wäre. Also beschloss ich, meine Vorurteile beiseitezulegen und die Grenzen des Machbaren neu zu definieren.

Mein Freund und Lead-Trainer Jens hat mich dabei stark unterstützt und mithilfe unserer Absolventen, diverser MeetUps und Interessierter begannen wir eine Reihe von Experimenten, um die Möglichkeiten und Grenzen von LEGO® Serious Play® online unter Zuhilfenahme von diversen Online-Plattformen auszutesten.

Die Ergebnisse waren durchaus überraschend. Es hat sich herausgestellt, dass manche Dinge sogar besser sind, wenn man digitale Werkzeuge mit LEGO® Serious Play® kombiniert. In den letzten sechs Monaten haben wir neue Techniken entwickelt, um die Moderation von LEGO® Serious Play® online zu perfektionieren.

Ist online möglich? Die Antwort ist ein klares Ja.

Wir halten an den Kernprinzipien der Methode fest und nutzen die Ideen, über die wir in unseren beiden vorangegangenen Büchern SERIOUSWORK und MASTERING geschrieben haben.

ONLINE benötigt zusätzliche Technik und stellt andere Anforderungen. Die Vorbereitung ist komplexer, sowohl für Teilnehmer als auch für Moderatoren, und erfordert neue Fähigkeiten. Grundlegende Bausteine, wie z. B. das „Skills Build", müssen um eine weitere Komponente ergänzt werden.

Die Rolle des Facilitators beim Bau des gemeinsamen Online-Modells ist gleichzeitig anders als in der realen Welt und in ihrem Kern doch sehr ähnlich.

Unsere Erfindung, den Bau des gemeinsamen Modells in Phasen aufzuteilen (zerlegen, nachbauen, „Magic Hands©" und „Build-along©"), führt nach wie vor zu einem Ergebnis, auf das die Teilnehmer stolz sind und für das sie sich verantwortlich fühlen.

Es gibt Stimmen in unserer Community, die sagen, dass LEGO® Serious Play® online nicht möglich ist. Das stimmt nicht, und wenn die dunklen Tage vorbei sind, wird Online-LEGO® Serious Play® seinen Beitrag zur Reduktion der Treibhausemissionen leisten.

Es hat sechs Monate gedauert, dieses Buch zu schreiben. Die ersten Entwürfe haben wir mit unseren Kunden und Absolventen geteilt. Somit ist dieses Buch ein echter Akt von Co-Kreation auf die Frage „Was ist möglich?". Die Ergebnisse finden Sie auf den folgenden Seiten.

Sean Blair, London im Oktober 2020

Danksagung

Dieses Buch wäre nicht entstanden ohne all die Pioniere, die wir vertrauensvoll in der Moderation von LEGO® Serious Play® Online ausbilden durften. Das Lernen ist beidseitig: Viele der Ideen und Techniken, die in diesem Buch abgedruckt sind, stammen von ihnen oder wurden innerhalb der Ausbildung von ihnen inspiriert.

Ein GROSSES Danke gebührt all unseren Online-Absolventen, insbesondere denen, die uns erlaubt haben, ihre Fotos zu verweden:

Eunjung Choi, Holly Henderson, Susanne Heiss, Rolf Bielser, Xiao Zhang, Neil Cabral, Peter Becker, Sharon Hennam-Dale, Silvia Schorta, Jack Woller, Dieter Schmutz, Alexandra Götzfried, Sat Philora, Alae Ismail, Camille Reltien, Keng Choon Chow, Heike Reitz, Matthias Bastian, Suzanne Trew, Jo Maberly, Sebastien Bonneval, John Shirlaw, Binnaz Cubukcu, JoAnn Flynn, Kaare Eriksen, Alexander Ortner, Janine Hegarty, Lynda Farmer, Sirte Pihlaja, Joshua Ehrenreich, Sharon Cox, Megan Goodwin, Stefanie Leiber, Sophie Gerlach, Ruth Kürschner, Thorsten Blickle, Rob Van der Post, Tina Siegert-Franz, Jana Fiaccola, Dayana Cabeza, Rob Stebbens, Tori Horton, Andrew Joly, Kat Posa, Sven Scheuring, Verena Michl, Hanspeter Häberle, Torsten Wunderlich, Matthias Usenbenz, Martin Talmeier, René Felder, Serena Polverino, Winnie Sin Wai Pui, Tina Dreisicke, Tobias Schreier, Christina Porter, Susan Key, Kristian Tudek, William Cosens, Joanne Holloway, Fiona Curtin, Glaudia Califano, Marie-Christine Messier, Guy Stephens, Suzanne Faulkner, Ariane Wunderli, Ombretta Mancini, Rob Oddi, Adolfo Gonzalez, Manuel Grassler, Diana Godoy, Lauren Thomas, Theresa Quinn, Oliver Kruth, Mirco Winde, Miriam O´Donoghue, Qiao Zhang, Valerie Bozetto, Jonny Wong, Elisabeth Schröder, Alexander Fauck, Frank Rütten, Natalie Mejia, Nayda Rivera, Kai Bauer, Helen Gough, Ayman Mahana, Laura Mitchell, Paris Connolly, Sophie XiaoTsing, Ben Mizen, Sok-ho Trinh, Pieter Den Heten, Muhammad Sinaga, Thomas Böckelmann, Marc Schmetkamp, Thomas Michl, Sophie Antoinette Lewin, Jan Ziemann, Charles D. Allen, COL. Maurice Sipos, COL. Michael Hosie, COL. Silas Martinez, COL. Ken Gilliam, Dr. Abram Trosky, James Markley, Matthew Wechsler, Dana C. Hare, Vicky Qu, Héctor Villarreal, Ivo Haase, Kelly Noseworthy, Attila Ész, Juliane Pilster, Evelyn Bennewitz, Dr Rebekah Welton, Dr Corrina Cory, Avalon Cory, Janice Button, Dr Caitlin Kight, Dr Karen Kenny, Chris O´Donoghue, Terry O'Leary, Jean-Sebastien Cuche, Paul Kelly, Simon Woodward, Vinicius Dos Santos, Sheila Pearson, Uwe Griese, Nicolas Spindelbock, Julia Amunwa und David Galloway.

MeetUp-Pioniere – Großbritannien

Dank geht an Ruth Guthoff-Recknagel, Mireia Montane, Riccardo Ginevri, Kevin ONeill, Justin Askew, Jon McNestrie, Flávia Cardoso, Chris Burns, Mike Clargo, Eunjung Choi und Jo Maberly. Sie alle waren im März und April Teilnehmer von MeetUps, in denen wir unsere ersten Online-Versuche unternommen haben.

MeetUp-Pioniere – Deutschland

Dank geht an die deutschen MeetUp-Teilnehmer: Thorsten Schiffer, Silke Arnold, Izabela Wiethaus, Marco Roetther, Frauke Bünning, Stefan Jost, Franziska Pfrommer, Tina Döbele, Peter Mueller, Eric E. Hofmann, Petra Warman, Nicole Herbst, Annika Härtel, Anna Donato, Lydia Ondraczek, Martina Zeh, Silke Baumert Alexander Feist, Kristina Schroeteler, Matthias Usenbenz, Verena Michl, Stefanie Leiber, Sophie Gerlach, Tina Siegert-Franz, Patricia Geißler, Heike Weick, Ruth Kürschner, Monika Klein, Julia Haug, Conny Fritschi, Anke Zormeier, Martina Amboom, Eike Totter, Sven Scheuring, Christoph Kuhlmann, Andreas Greuslich, Dimitri Murha, Alexandra Götzfried, Johannes Starke, Schorsch M. Tschürtz, Claudia Schütze, Dirk Kleemann, Franziska Enz, Heidelinde Kneissl, Grit Wrobel, Peter Lorenz, Bruktayt Mogessie, Ana Babic, Yvonne Brockhaus, Lisa Marie Rieder, Oliver Kopp, Frank Rütten, Agnès Wiegand, Bernd Schroeder, Bernhard Muhler, Friso Jankowsky, Philipp Preuss, Frank Duhse, Katrin Schubert, Nicole Führing, Olaf Steinhauer, Rob van Linda, Angela Müller, Kathrin Schwanz, Soumia El Mard, Torsten Weigel, Anita Kluck, Andreas Fröhlich, Lars Kühmstedt, Alexander Kiock, Thomas Böckelmann, Tibor Hoffmann, Reiner Müller, Sandra Thäder, Andreas Achtziger, Dr. Erwin Mark, Prof. Dr. Annika Wolf, Antonia Jennewein, Franziska Semer, Kai Krah, Katalin Faix, Patrick Lobacher, Stephanie Prem, Markus Brandl, Franziska Richter, Ursula Maichen, Florian Zoller, Michael Tarnowski, Marco Thiel, Marija Malkoc Kust, Bernhard Zytariuk und Ana Maria Chacon.

Besonderer Dank gilt Laurenz Menzinger, Christian Deuschle, Matthias Bastian, Heike Reitz, Dieter Schmutz, Rolf Bielser, Susanne Heiss, Claudia Salowski, Stefanie Bradish, Andreas Wiegel, Bernd Kollmann und Andreas Mettenberger. Sie haben uns bei der Entwicklung unseres Vorgehensmodells sowie hybrider Formate besonders unterstützt.

Fallstudien unserer Absolventen – Dankeschön!

Ihre Berichte hauchen unseren Ideen Leben ein. Wir verbeugen uns vor: Ben Mizen, Holly Henderson, Susanne Heiss, Glaudia Califano, Johnny Wong, Andrew Joly, Tammy Watchorn, Paul Kelly, Ken Gilliam, Silas Martinez und Maurice Sipos.

Das Team von SeriousWork

Zunächst Jens. Ohne die Unterstützung und die Begeisterung meines Lead-Trainers und Freundes Jens Dröge wäre dieses Projekt nicht in dieser Geschwindigkeit umgesetzt worden. Dieses Jahr hätte ich mir keinen besseren Freund wünschen können.

2020 sind zudem Mia Eng und Héctor Villarreal zu uns gestoßen, die uns auf dem (latein-)amerikanischen Kontinent vertreten werden. Vielen Dank, dass Ihr uns noch besser macht.

Hellen Batt. Jeder unserer Absolventen wurde von unserer fantastischen Managerin betreut. Helen führt unser Unternehmen fast im Alleingang. Ich bin unglaublich dankbar für alles, was sie leistet, um uns auf dem Weg zu dem von uns angestrebten Goldstandard weiter voranzubringen.

CHALLENGE
FEEDBACK
LEARNING POINTS

Ich bin Sean, der Autor dieses Buches

und in erster Linie Moderator und Trainer,

Ich bin Gründer von ProMeet, einem Unternehmen spezialisiert auf internationale Trainings und Workshops. Zu meinen Kunden gehören u. a. HSBC, Google, Cisco, Pfizer, Coca-Cola, Denso Automotive, UKTI und die InterAmerican Development Bank. Fallstudien finden Sie unter: www.meeting-facilitation.co.uk

aber auch Entwickler praxisbasierter Schulungen

Mit SeriousWork habe ich ein internationales Ausbildungsinstitut gegründet und mit unserem SERIOUS-WORK-Ansatz die Art, wie LEGO® Serious Play® ausgebildet wird, auf ein neues Niveau gehoben.

So habe ich u. a. die Mitarbeiter von Microsoft, Starbucks, Spotify, Cathay Pacific, der LEGO Group, der Royal Air Force und Sanofi ausgebildet.

Unter serious.global bieten wir die, wie wir glauben, beste LEGO® Serious Play®-Ausbildung der Welt an.

alt und ~~runzelig~~ weise,

Ich verfüge über 30 Jahre Erfahrung in Innovation, Lernen und Change. Ich war in Führungspositionen, u. a. in der Geschäftsführung der Royal Society of Arts und des Design Council. Ich war Kommissar in der Creative Industry Commission des Mayor for London und Ehrenstipendiat für Unternehmensführung an der Durham University. Zusammen mit der BBC habe ich Inhalte produziert und bin öfters im Radio zum Thema Kreativität aufgetreten. Gelegentlich halte ich Vorträge und gebe Vorlesungen.

preisgekrönter Moderator und Trainer,

Ich bin ein „Certified™ Professional Facilitator" der International Association of Facilitators (IAF) und wurde mit dem „Facilitation Impact Award" ausgezeichnet.

LEGO® Serious Play®-Experte

Ich bin Profi in der LEGO® Serious Play®-Methode und war der führende Kopf hinter Markos Idee des Buches „SERIOUSWORK – Meetings und Workshops mit der LEGO® Serious Play®-Methode moderieren".

Anfang 2020 kam mein letztes Buch „MASTERING The LEGO® Serious Play® Method – 44 Facilitation Techniques For Trained LEGO® Serious Play® Facilitators" auf den Markt. Der Schwerpunkt des Buches liegt auf dem Bau gemeinsamer Modelle in der „echten Welt". Ironischerweise wurde es genau im selben Monat veröffentlicht, in dem der Lockdown in Kraft trat.

Mein neuestes Geschenk an die LEGO® Serious Play®-Welt ist das Buch „So funktioniert die LEGO® Serious Play®-Methode ONLINE" mit seinen bisher innovativsten und revolutionärsten Ansätzen und Ideen.

Mein Ziel ist, die Grenzen dessen, was möglich ist, weiter zu verschieben, um den Standard zu setzen – für die Moderation von Workshops und die Ausbildung in der Methode gleichermaßen, und zwar durch Taten und Inhalte und nicht durch irgendwie gearteten Anspruch.

Einleitung

DIESES BUCH IST FÜR ALLE BEREITS AUSGEBILDETE LEGO® SERIOUS PLAY®-FACILITATOREN

An wen richtet sich dieses Buch?

Dieses Buch wurde für ausgebildete LEGO® Serious Play®-Facilitatoren geschrieben. Wer mit der Methode noch nicht vertraut ist, könnte einige der Inhalte verwirrend oder unklar finden.

Wer LEGO® Serious Play® bereits einsetzt, weiß, was ein „Windows"-Kit ist, kennt sowohl den zugrunde liegenden vierstufigen Prozess von Aufgabe > Bauen> Teilen> Reflektieren und den Unterschied zwischen individuellem Modell (auch bekannt als AT1) und gemeinsamem Modell (auch bekannt als AT2).

Daher ist dieses Buch für völlige Neulinge ungeeignet. Um Grundlagenwissen aufzubauen, empfehlen wir die Lektüre unseres ersten Buches „SERIOUSWORK – Meetings und Workshops mit der LEGO® Serious Play®-Methode moderieren".

Online-LEGO® Serious Play® ist anfänglich schwieriger zu moderieren als in Präsenz. Es ist ein bisschen wie Autofahren lernen: Am Anfang gibt es eine Menge zu bedenken. Mit etwas Übung wird die Moderation von Online-LEGO® Serious Play® aber zur zweiten Natur, auch wenn man mehr Vorbereitung benötigt als für LEGO® Serious Play®-Präsenzworkshops.

Wer es vorzieht, die Methode „Learning by Doing" kennenzulernen, dem sei die Online-Ausbildung nahegelegt. Hier vermitteln wir all die hier vorgestellten Techniken in einer sicheren Online-Umgebung. Alle Kurse sind unter www.serious.global/shop/ zu finden.

Sowohl zertifizierte Faciltatoren als auch Autodidakten mit Selbstvertrauen sollten in der Lage sein, die Ideen dieses Buches direkt in die Online-Welt zu übertragen.

Grundsätzlich empfehlen wir, die ersten Online-Workshops in kleinen Gruppen und mit leichten Themen durchzuführen, um sowohl Erfahrung darin zu sammeln, alle Bälle in der Luft zu halten, als auch die neuen Skills mit den vorhandenen zu kombinieren.

Online-LEGO® Serious Play® bietet einige entscheidende Vorteile. Es bietet Sicherheit im Rahmen der gegenwärtigen Pandemie. Die Techniken lassen sich nicht nur online anwenden, sondern auch in Präsenzworkshops. #onlineLSP trägt zur CO_2-Einsparung bei und die Ergebnisse lassen sich wesentlich besser dokumentieren.

Willkommen in der Zukunft :)

Kapitel 1

Online! Ein Paradigmenwechsel

Think digital!

Originär ist LEGO® Serious Play® ein analoger Prozess, dessen Stärken in der Kinästhetik, der Greifbarkeit und der hohen Visualisierung liegen.

Digitale Inhalte, die über Bildschirme und Lautsprecher vermittelt werden, liefern ein ganz anderes Erlebnis. Man braucht also ein gewisses Maß an Vorstellungskraft, um zu erkennen, dass LEGO® Serious Play® auch online funktionieren kann.

Think digital!

Bei Online-LEGO® Serious Play® handelt es sich um eine Art der Facilitation, bei der jeder Teilnehmer Hand an die Steine legt, die Moderation aber mithilfe eines Computers erfolgt. Für die Traditionalisten unter uns bedeutet „Think digital", neue Techniken zu akzeptieren und mit der gleichen Begeisterung anzunehmen, wie die neuste Packung LEGO®-Steine von unserem Postboten.

„Think digital!" steht also für den Paradigmenwechsel, der von Facilitatoren gefordert wird, um ihrer Toolbox ein weiteres Werkzeug hinzufügen zu können.

Die optimale Kombination aus Haptik UND digitalen Plattformen

Das Fundament jedes LEGO® Serious Play®-Workshops bildet seit jeher das individuelle Modell der Baustufe 1. Gleiches gilt für die Online-Variante. Hier gibt es im Grunde keine Unterschiede.

Unsere Aufgabe als Facilitatoren von Online-LEGO® Serious Play® besteht darin, die Haptik der Offline-Variante über digitale Tools wie Zoom als Videokonferenzplattform und MURAL als digitales Whiteboard **mit Perfektion** in die Online-Welt zu übertragen.

Ein digitaler Prozess, der LEGO®-Steine nutzt

„Think digital!": Dieser Mentalitätswandel wirkt sich insbesondere auf die Design- und Vorbereitungsphase aus. Immer schon betonen wir die Bedeutung von Vorbereitung und Planung als die wichtigsten Elemente eines LEGO® Serious Play®-Workshops. Anstatt einen analogen Prozess schlecht digital abzubilden, erfordert die Übertragung in die Online-Welt daher von uns ein Vorgehen, in dem Steine verwendet werden können.

Der Versuch, den gewohnten „Offline"-Prozess einfach auf Online zu übertragen, wird nicht funktionieren. Man muss sich mit den Möglichkeiten auseinandersetzen, die die digitalen Tools bieten und einen Workshop entwickeln, der das Beste aus beiden Welten vereint.

Wer sowohl von digitalen Medien als auch von LEGO® Serious Play® begeistert ist, wird von der Kombination fasziniert sein. Wer sich mit den digitalen Medien schwertut, sollte dies als Gelegenheit verstehen, Veränderungen anzunehmen und neue Fähigkeiten zu erlernen.

Unsere ersten Online-Workshops waren noch sehr anstrengend, so viel galt es zu beachten. Nach einiger Zeit der Übung ist es für uns inzwischen ein Leichtes – und ins Flugzeug muss man auch nicht steigen!

Kapitel 2

Aufbau der Teilnehmerarbeitsplätze vor dem Workshop

Drei verschiedene Arten des Set-ups

Da Online-LEGO® Serious Play®-Workshops über Computer ablaufen, müssen die Teilnehmer gut vorbereitet werden, um aus Bild und Ton das Optimum herauszuholen. Der Schlüssel zum Erfolg liegt daher in diesem Schritt vor dem eigentlichen Workshop.

Diese Tätigkeit sollte nicht unterschätzt werden und darf nicht übersprungen oder überstürzt werden: Die Teilnehmer in der Vorbereitung zu unterstützen, ist essenziell. Wenn die Teilnehmer die Modelle der anderen nicht erkennen können oder sich nicht verstehen, ist der Workshop einfach kein Erfolg.

In der Online-Facilitation von LEGO® Serious Play® gibt es drei Aufbauten, die es zu bedenken gilt:

1. DER WICHTIGSTE SCHRITT: Teilnehmer-Set-up für das individuelle Modell (alias AT1)

Auf den Seiten 24 bis 37 geben wir Tipps, wie **Teil- nehmer** ihren Arbeitsplatz vor einem Workshop ideal einrichten können.

Insbesondere bei wichtigen Workshops senden wir unseren Teilnehmern vorab ein PDF dieser Seiten zu und führen dann mit jedem einen sogenannten „Tech-Check" durch (vgl. dazu auch Seite 38).

Dieses Buch bietet die Möglichkeit zum Download dieser PDF-Datei zur freien Verwendung. Details zum Download finden sich in Anhang 2 auf Seite 184.

Die Teilnehmer beim Set-up zu unterstützen, ist der kniffligste Teil, ist er doch für alle Beteiligten zeitaufwendig. Doch misst man diesem Schritt zu wenig Bedeutung bei, kann die ganze Gruppe darunter leiden – aufgrund schlechter Sicht oder schlechtem Ton. Beides führt zu Unruhe und einem Abfall von Energie oder Aufmerksamkeit der Teilnehmer.

2. Teilnehmer-Set-up für den Bau des gemeinsamen Modells (alias AT2)

Bauen die Teilnehmer ein gemeinsames Modell online, erfordert der Aufbau zusätzliche Vorbereitungen. Das gilt insbesondere dann, WENN die Teilnehmer den sogenannten „Build-along©"-Prozess anwenden, der in Teil 7 dieses Buches beschrieben wird.

Auf dem Foto links hat Andrew (o. l.) das führende Modell, während die übrigen Teilnehmer dieses zeitgleich nachgebaut haben. In dieser Variante des online gebauten gemeinsamen Modells benötigt man eine für alle sichtbare Plattform. Außerdem brauchen alle Teilnehmer die gleiche Steineauswahl.

3. Facilitator-Set-up für den Bau gemeinsamer Modelle

In Kapitel 3 zeigen wir, wie der Facilitator seinen Arbeitsplatz aufbauen sollte. Wir befassen uns mit Steinen und Platten, der Beleuchtung, Kamerapers-pektiven und Set-ups, von einfach bis fortgeschritten.

Online-LEGO® Serious Play®: Wichtiges vor Beginn

Teilnehmerhinweise zum Set-up

Bevor es mit dem LEGO® Serious Play®-Online-Workshop losgehen kann, ist es notwendig eine „Bühne" aufzubauen, damit andere Ihre Ideen sehen, hören und verstehen können.

Während des Workshops nutzen wir LEGO®-Modelle für die gemeinsame Kommunikation.

Meetings, die von Angesicht zu Angesicht stattfinden, nutzen alle Sinne und hinterlassen spürbare Eindrücke, um auszudrücken, was gesagt wird und gemeint ist.

Online stehen uns weniger Informationen zur Verfügung und die beiden Signale, die wir empfangen (Bild und Ton), können von sehr schlecht (schlechter Ton, kein oder niedrig auflösendes Video) bis ausgezeichnet (HDD, hochauflösend, störungsfrei) reichen.

Dass die Modelle gesehen werden können, ist von essenzieller Bedeutung!

Der Schreibtisch wird zur „Bühne"

Eine Vorbereitungstätigkeit liegt darin, eine Bühne zu bauen, wie auf dem Foto dargestellt.

1. Unser Laptop ist durch ein Podest um 100 mm erhöht.

2. Unsere Bühne besteht aus drei Büchern und zwei Schachteln. In unserem Beispiel befindet sich die Oberkante etwa 220 mm über dem Schreibtisch.

3. Der Laptop: Durch unseren Aufbau nimmt das LEGO®-Modell etwa 50 % der Bildschirmhöhe ein. Das Gesicht bleibt dabei noch immer sichtbar.

4. Um das Modell perfekt in Szene zu setzen, haben wir hinter das Modell einen weißen Hintergrund gesetzt (ein gefalteter dünner Karton im A4-Format; die Anleitung befindet sich auf Seite 37).

Das Ganze ist perfekt ausgeleuchtet. Zudem besteht außerhalb des Blickfelds ausreichend Platz, um die Kisten zur Seite zu schieben und bauen zu können.

Das kleine Bild zeigt, wie man bei diesem mustergültigen Aufbau vom Gegenüber wahrgenommen wird: **mit sichtbarem Modell und einem Lächeln**.

Das LEGO®-Modell nimmt 50 % des Bildschirms ein. Das Gesicht bleibt dabei immer noch erkennbar.
3
4
4
Um das Modell in Szene zu setzen, befindet sich hinter dem Modell ein weißer Hintergrund (ein gefalteter dünner Karton im A4-Format; vgl. S. 37)
1
Der Laptop wurde durch Platzieren auf einer Plastikbox um ca. 100 mm erhöht.
2
Die Bühne wurde aus drei Büchern und zwei Schachteln gebaut (Hightech!).
AVERTISSEMENT
ADVERTENCIA:
PELIGRO DE ASFIXIA.

Sichtbares Gesicht, sichtbares Modell

Das Bild rechts zeigt einen etwas anderen Aufbau mit einem weißen Hemd anstatt eines selbst gemachten Hintergrunds. Weiße Kleider sind eine gute Möglichkeit, das Modell herauszustellen, ohne dass Sie einen Hintergrund basteln müssen.

Auch in diesem Fall ist das Gesicht gut ausgeleuchtet. Auf diese Weise kann das Modell trotzdem so präsentiert werden, dass alle Details sichtbar sind, auch wenn es optimaler wäre, wenn das Modell mehr vom Bildschirm einnehmen würde.

Lichtdesigner werden (und verfügbare Lampen zweckentfremden)

Jeder, der an Videokonferenzen teilnimmt, kennt das: Teilnehmer mit schlechter Beleuchtung.

Hauptprobleme sind in der Regel zu wenig Licht oder zu helles Licht, falsch im Hintergrund aufgestellt.

Wer an einem Online-Workshop teilnimmt, muss wie ein Lichtdesigner denken und sich die Frage stellen:

Wie kann ich mein Gesicht so ausleuchten, dass andere mich erkennen? Wie kann ich mein LEGO®-Modell so ausleuchten, dass andere es gut sehen können?

Profis haben vermutlich eine LED- oder andere Beleuchtung, um a) das Gesicht und b) den Arbeitsplatz auszuleuchten.

Wer nur gelegentlich von zu Hause arbeitet, kann dafür die vorhandene Beleuchtung nutzen und entsprechend umfunktionieren.

Achtung: Lampen verfügen über unterschiedliche Farbtemperaturen. Weiße Lampen haben eine Farbtemperatur von etwa 4.000 Kelvin. Gängige Haushaltsglühbirnen, die als warmweiß bezeichnet werden und eine Temperatur von etwa 3.000 Kelvin haben, leuchten eher gelborange und können manchen Stein in einer anderen Farbe erscheinen lassen (vgl. dazu das Beispiel auf Seite 32).

Diese Bedingungen schaffen die Voraussetzung, um einem Präsenzmeeting nahezukommen. Wenngleich es nicht dasselbe ist, ist es doch besser, als ein schlecht beleuchtetes Modell händisch in die Kamera zu halten.

Die Plattform stellt zudem sicher, dass das Modell auch dann noch für andere sichtbar bleibt, wenn das Teilen beendet ist, sodass noch Fragen dazu gestellt werden können. **Das Wichtigste ist also, Sichtbarkeit des Modells zu gewährleisten.** So würde das Beispiel auf Seite 38 im Tech-Check nur 7/10 Punkte erhalten.

Beispiele für schlechte Präsentationen der Modelle sind auf den Folgeseiten abgebildet.

Zoom

Schlechte Beleuchtung und ein unruhiger Hintergrund

Im diesem Beispiel ist das Licht zu schwach und der Hintergrund ist zu unruhig. Schwierig ist besonders das karierte Hemd. Das Modell wird vor die Kamera gehalten, was es ziemlich schwer macht, die Details zu erkennen. Durch das schwache Licht weiß die Kamera zudem nicht, worauf sie fokussieren soll, aber auch wenn das Modell **nicht** vor die Kamera gehalten werden würde, wäre es für andere schwer, sich an die Aussagen zu erinnern.

Besser wäre, eine Bühne zu haben, auf der das Modell platziert werden kann.

Punktzahl: 3/10

Gut, aber das Schwarz vermischt sich mit dem Pulli

Der Teilnehmer in diesem Beispiel hat sich eine vorbildliche Bühne gebaut (die weiße Kiste). Sein schwarz-weiß gestreiftes Shirt führt jedoch dazu, dass dunkle Steine mit dem Hintergrund verschmelzen.

Das Set-up ist recht gut. Es wäre aber besser, ein weißes Hemd zu tragen. Eine bessere Beleuchtung würde zudem die Sichtbarkeit des Modells erhöhen.

Punktzahl: 5/10

Kein Gesicht, kein Modell (aber ein schöner Schal)

In diesem Beispiel können wir weder Gesicht noch Modell erkennen. Die „verbesserte Kommunikation", die LEGO® Serious Play® ermöglicht, wird dadurch deutlich erschwert. Die Kamera scheint zudem leicht verschmutzt zu sein.

Wir empfehlen daher stets, die Linse von Fingerabdrücken und anderen Verschmutzungen zu reinigen (die Linse ist leider oft genau an der Verschlussstelle des Laptops).

Punktzahl: 2/10

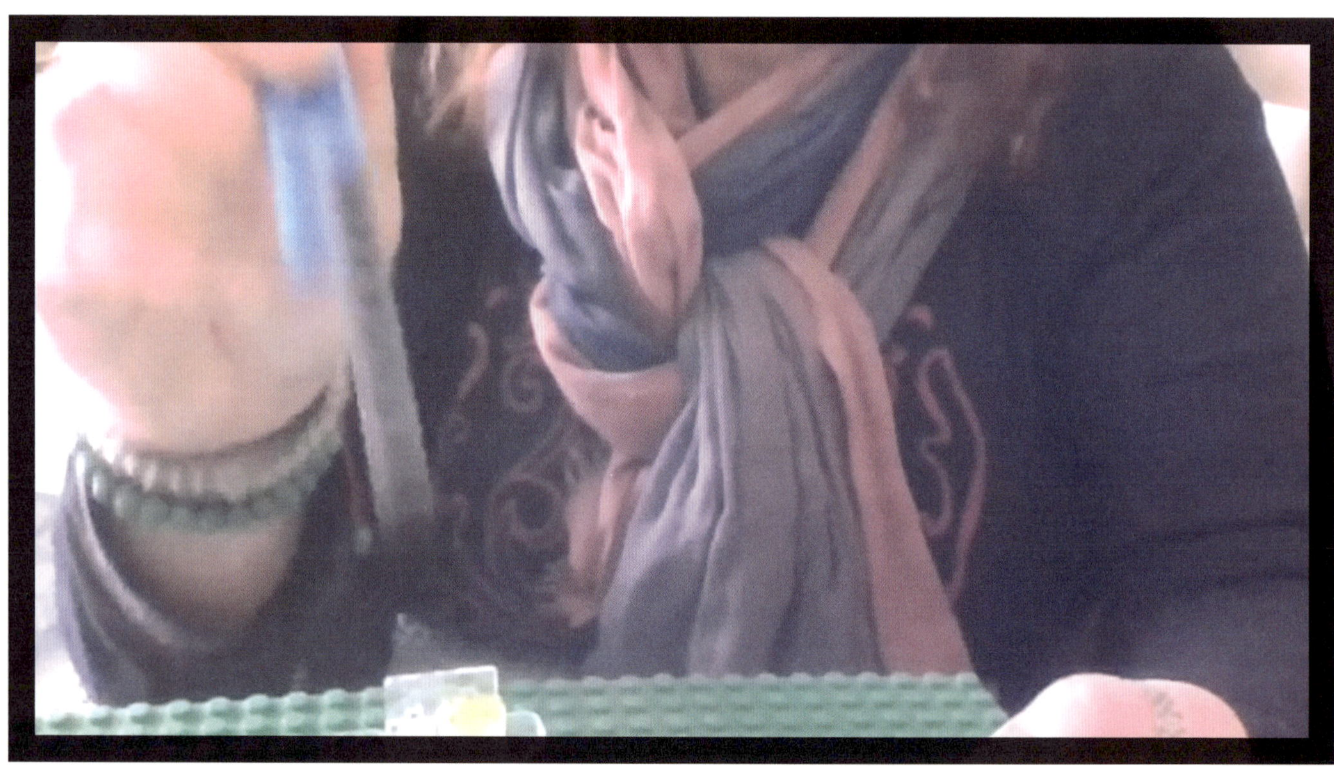

Eine gut ausgeleuchtete Bühne, nahe genug der Kamera

Hier hat die Teilnehmerin ihre Bühne mit einem zusätzlichen Licht ausgestattet. Sie trägt ein weißes T-Shirt und der graue Cardigan schafft einen neutralen Hintergrund. Das Modell bekommt so die nötige Präsenz.

Durch die Nähe der Bühne an der Kamera wird der Bildschirm vom Modell ausgefüllt. Das Set-up ist sehr gut. Noch besser wäre allerdings, wenn man das Gesicht erkennen könnte.

Punktzahl: 7/10

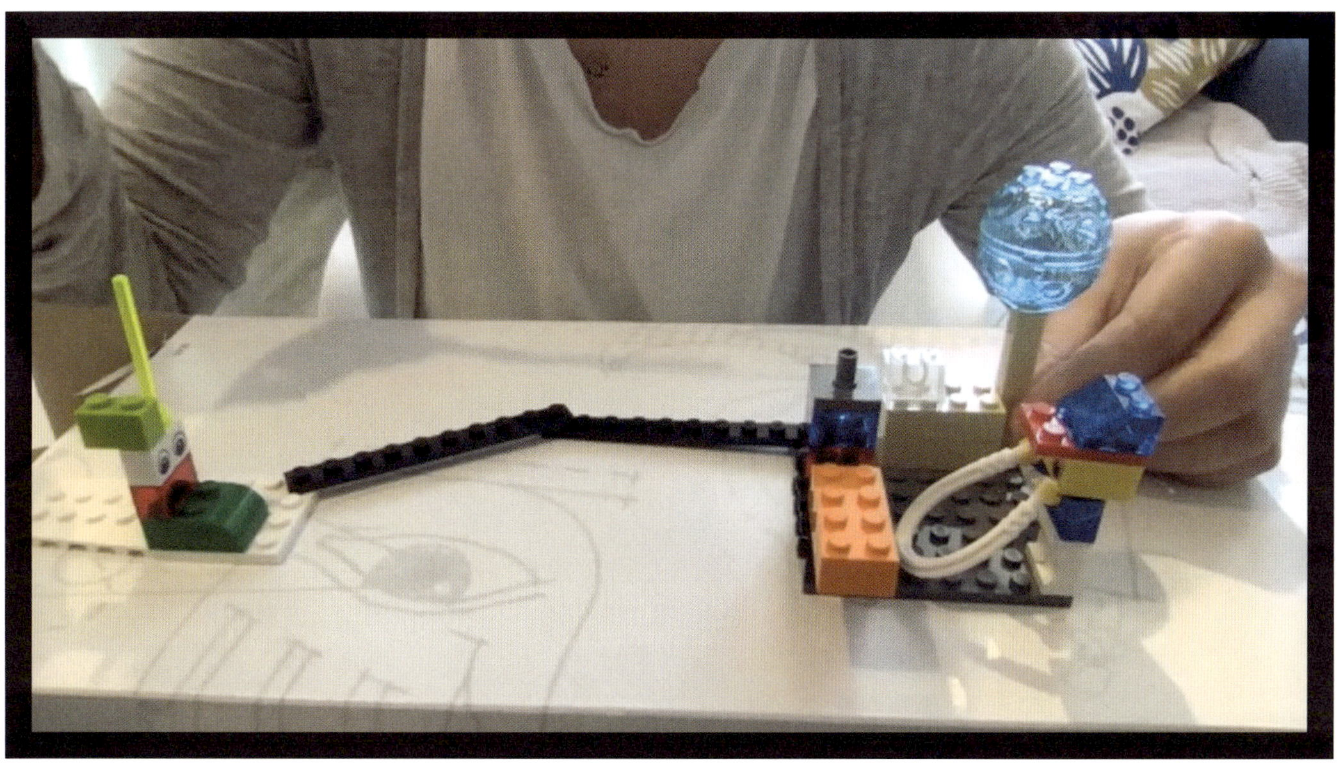

Farbtemperatur

Dieser Teilnehmer hat sich eine Bühne gebaut, die leider etwas zu niedrig geraten ist und extra Licht installiert. Das Tageslicht hinter der Schreibtischlampe hat dazu geführt, dass sich die Farbtemperatur in ein leichtes Orange verändert hat.

So erscheint der eigentlich beige Stein gelb. Die Hände schränken zudem die Sichtbarkeit ein, sodass die übrigen Teilnehmer nicht viel erkennen können.

Punktzahl: 4/10

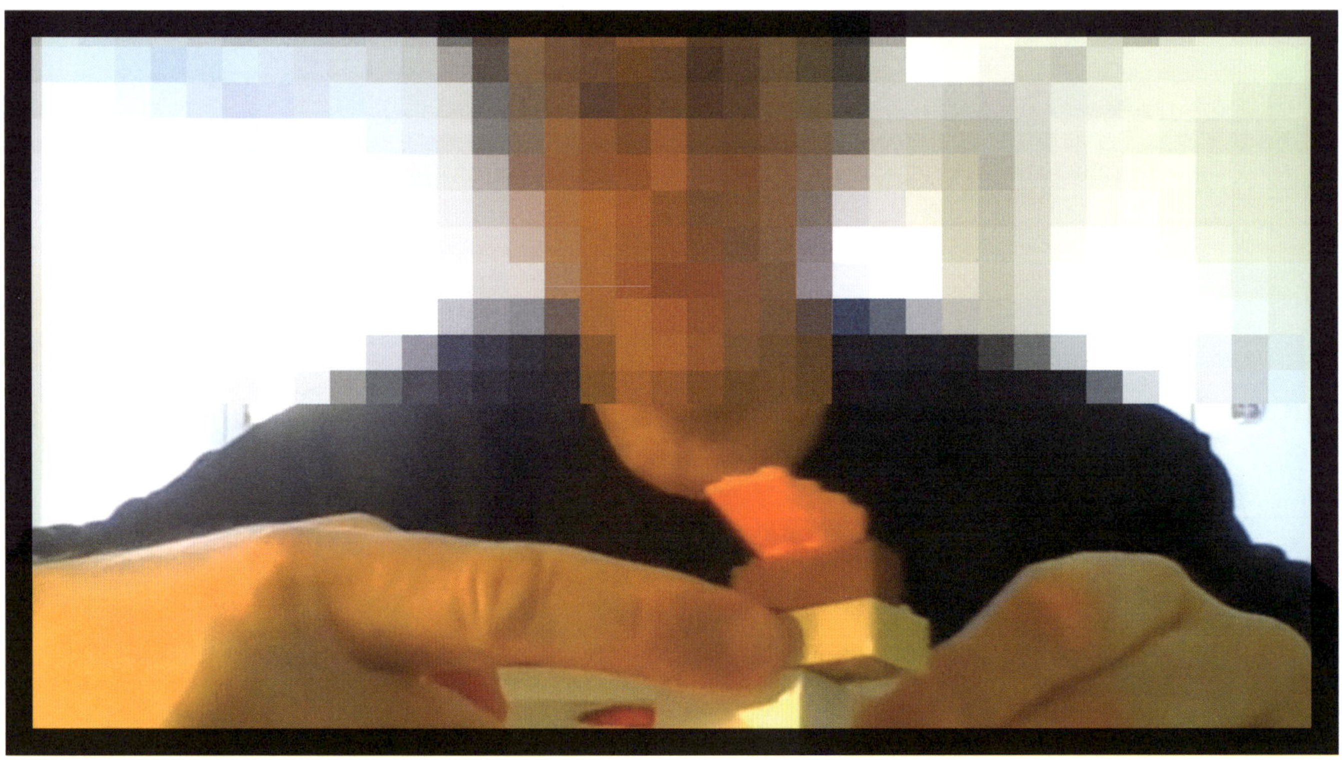

20 % der Bildschirmgröße sind nicht genug

Hier wurde ein Arbeitsplatz aufgebaut, der mit zusätzlichen Lampen ausgestattet wurde und über gutes Tageslicht verfügt.

Auch der Hintergrund ist sehr ruhig und hell. Das Modell ist allerdings zu weit von der Kamera entfernt und nimmt nur ca. 20 % des Bildschirms ein.

Punktzahl: 5/10

50 % der Bildschirmgröße sind ziemlich gut

In diesem Beispiel hat sich die Teilnehmerin eine Bühne gebaut und extra ausgeleuchtet. Das Modell nimmt ca. 50 % des Bildschirms ein. Das ist schon ziemlich gut.

Punktzahl: 7,5/10

75 % des Bildschirms – Rob van der Post macht es vor

Rob präsentiert sein gut ausgeleuchtetes Modell vor einem weißen Hintergrund. Wir können zudem die Emotionen in Robs Gesicht erkennen, die das Gesagte unterstreichen. Das Headset sorgt zudem für eine gute Audioqualität.

Rob nutzt einen Zeigestab, um die Geschichte des Modells zu erzählen (was zudem viel besser ist, als die Finger zu benutzen, die sonst die Sicht einschränken). Dieses Set-up ist erstklassig (Rob ist übrigens Fotograf, was den Aufbau erklärt).

Punktzahl: 10/10

Vor dem Workshop

Vorbereitung des Teilnehmerarbeitsplatzes

Jeder hat eine andere Ausstattung und andere Platzverhältnisse. Als Teilnehmer sollte man daher 20 bis 30 Minuten vor Beginn des Workshops damit zubringen, seinen Arbeitsplatz vorzubereiten, die Bühne aufzubauen und die Beleuchtung einzurichten. Gesehen und verstanden zu werden, zahlt sich am Ende aus!

Der Ton

Die standardmäßig eingebauten Mikrofone liefern in der Regel nicht immer die beste Qualität und nehmen oft auch Nebengeräusche auf. Kopfhörer sind besser geeignet, um Rückkopplungen und Echos zu vermeiden. Außerdem ist das Mikrofon in der Nähe des Mundes, wodurch man besser gehört wird.

Was den perfekten Teilnehmerarbeitsplatz auszeichnet

Im Beispiel links ist der Arbeitsplatz mithilfe eines LEGO® Serious Play® Starter Kits als Plattform und guter Beleuchtung so vorbereitet, das man Gesicht und Modell perfekt erkennen kann.

Ein weißer Hintergrund hebt das Modell hervor.

Hierbei verwenden wir einen weißen A4-Karton. Die Falt- und Aufbauanleitung ist umseitig abgedruckt.

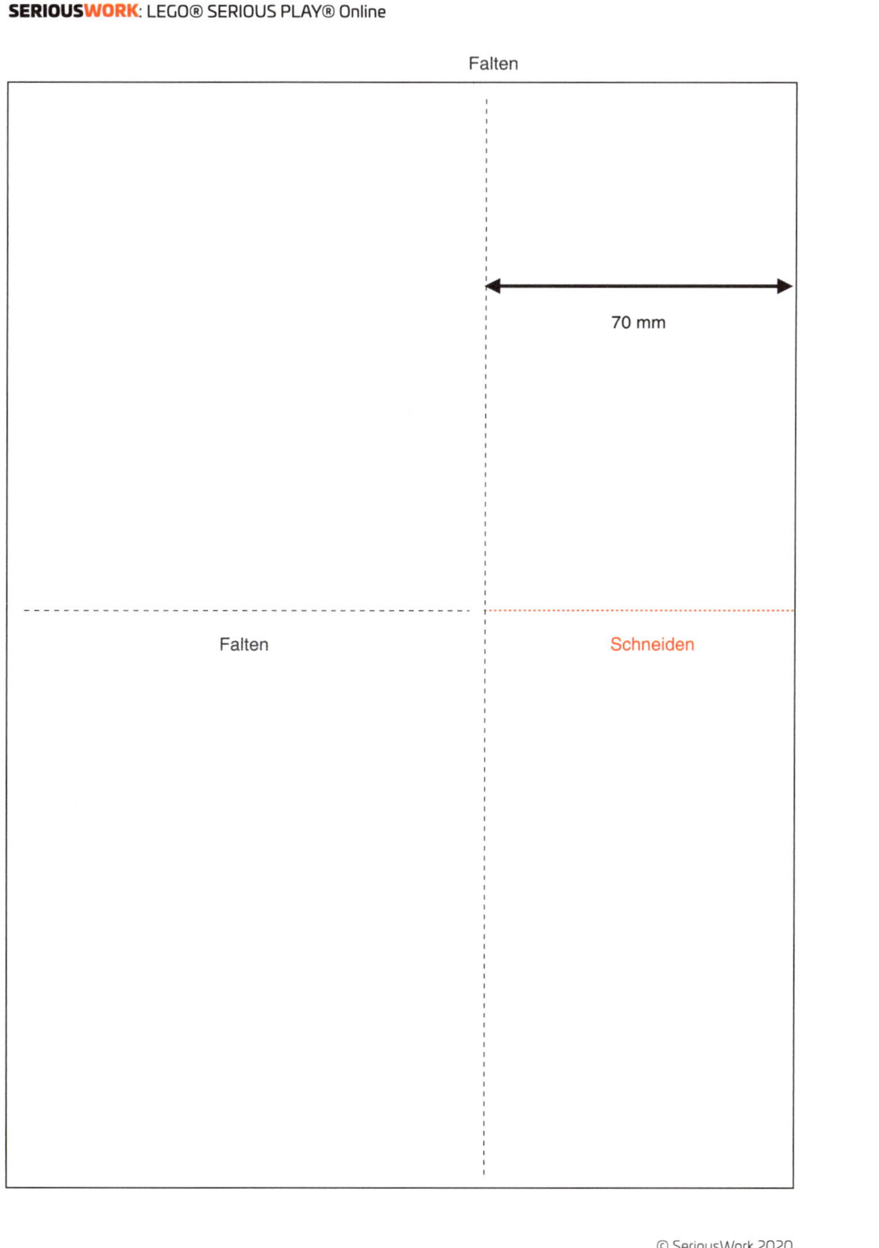

Online-LEGO® Serious Play®-Arbeitsplatz-Evaluation

In wenigen Tagen nehmen Sie an einem wichtigen LEGO® Serious Play®-Workshop teil. Vor diesem Workshop möchten wir Sie bitten, dieses Formular zusammen mit Ihrem Facilitator auszufüllen. Gemeinsam möchten wir Ihren Online-Arbeitsplatz begutachten, um mögliche Verbesserungen auszusprechen. Diese Verbesserungen werden Sie darin unterstützen, das Beste aus Ihrem Workshop herauszuholen.

* Pflichtfeld

1. Ihr Name *

   ____

2. Bildqualität – Gesicht *

   Diese Skala bewertet die Bildqualität des Gesichtes

   Bitte nur ein Feld auswählen,

	1	2	3	4	5	6	7	8	9	10	
- -	◯	◯	◯	◯	◯	◯	◯	◯	◯	◯	+ +

3. Bildqualität – Modell *

   Diese Skala bewertet die Bildqualität des Modells

   Bitte nur ein Feld auswählen.

	1	2	3	4	5	6	7	8	9	10	
- -	◯	◯	◯	◯	◯	◯	◯	◯	◯	◯	+ +

Tech-Check – Arbeitsplatz-Evaluation der Teilnehmer

Vor jedem Online-LEGO® Serious Play®-Workshop sollten mit jedem Teilnehmer zehn Minuten eingeplant werden, um dessen Set-up zu evaluieren.

Wir nutzen dafür das Kapitel 2 des Buches, das wir vorab an die Teilnehmer senden, mit der Bitte um einen Telefontermin. Für die Evaluation nutzen wir ein Google-Formular, das wir dann an die Teilnehmer mit entsprechenden Handlungsempfehlungen senden.

LEGO® Serious Play® Online Arbeitsplatz-Evaluation

In wenigen Tagen nehmen Sie an einem Online-LEGO® Serious Play®-Workshop teil. Davor möchten wir Sie bitten, dieses Formular zusammen mit Ihrem Facilitator auszufüllen, um gemeinsam Ihren Arbeitsplatz zu begutachten und Verbesserungen anzusprechen.

Nachname, Vorname

Benutztes Endgerät für den Online-Workshop

PC, Mac, Tablet, Telefon

Alter des Geräts

Weniger als ein Jahr, 2 bis 3 Jahre, 3 bis 5 Jahre

Art der Internetverbindung

Ethernet (LAN), WLAN, Mobil, anderes

Ergebnis der Geschwindigkeitsmessung

https://speed.measurementlab.net/#/

Bildqualität – Gesicht

Schlecht < 1 2 3 4 5 6 7 8 9 10 > erstklassig

Bildqualität – Modell

Schlecht < 1 2 3 4 5 6 7 8 9 10 > erstklassig

Beleuchtung

Schlecht < 1 2 3 4 5 6 7 8 9 10 > erstklassig

Ton

Schlecht < 1 2 3 4 5 6 7 8 9 10 > erstklassig

Handlungsfelder

Vielen Dank. Gegebenenfalls kommen wir auf Sie mit Tipps und Handlungsfeldern zu, um das Beste aus Ihrem Workshop und dem Ihrer Mitteilnehmer zu machen.

Kapitel 3

Aufbau des Arbeitsplatzes für die Facilitation von Baustufe 2 – gemeinsame Modelle

Miriam
Qiao
Johnny
Valerie
Joanna
Most important ideas
own unique knowledge and experience
Inclusiveness of diversity
Standing on participants' position
clear objectives, mastered by facilitator
Set aside the ego
2nd most important idea
Combining knowledge and experience - Answer in the room
ready to overcome obstacles
Clear Steps and Objectives
Obstacles, facilitator not overwhelmed by it
Own emotional regulation skills
3rd most important idea
Neutrality / careful listening
Mindset of care and compassionate
Openness
agile and adapt
Welcoming stance - let's explore
1
2
3

Das gemeinsame Modell – Set-up und Vorbereitung

Bevor wir ein gemeinsames Modell überhaupt online bauen können, sollten wir uns zunächst mit den *einzelnen Moderationsschritten* befassen.

Bevor man das erste Mal ein gemeinsames Modell online facilitiert, gibt es eine Menge zu beachten. Kapitel 7 gibt detaillierte Schritt-für-Schritt-Anweisungen für die Moderation, daher wollen wir an dieser Stelle nur kurz auf die verschiedenen Schritte eingehen. Grundsätzlich gibt es davon zwei:

Schritt 1: Zerlegen, hochladen, zusammenfassen, priorisieren

Haben alle Teilnehmer ihr individuelles Modell vorgestellt, bittet der Facilitator jeden, das eigene Modell zu fotografieren und es dann in die wesentlichen Kernaussagen zu zerlegen (auseinanderzubauen). Diese werden ebenfalls fotografiert und auf ein digitales Whiteboard (wir verwenden MURAL) hochgeladen. Dort fassen die Teilnehmer die jeweilige Bedeutung auf Karten zusammen (vgl. Beispiel ❶ auf dem Bild).

Schritt 2: Bau des gemeinsamen Modells mit „Magic Hands©“ oder zusätzlich „Build-along©“

Im Anschluss daran macht die Gruppe eine Pause, in der der Moderator die wesentlichen Elemente der Teilnehmer nachbaut, wie auf Foto ❷ abgebildet.

Der Facilitator lässt sich dann wie von „Magie“ die eigenen Hände steuern (Magic Hands©) und baut das Modell nach Anweisung mit den nachgebauten Teilen.

Das Set-up ist davon abhängig, welches Vorgehen man wählen wird. Das gilt insbesondere dann, wenn man die verschiedenen Ansätze nicht vorher in einer Ausbildung gelernt hat.

Im 1. Schritt unterstützt man die Teilnehmer darin, MURAL zu nutzen, und baut die Teile nach (vgl. Foto).

a) Der Facilitator benötigt einen MURAL-Account und ausreichend Steine, um die einzelnen Teile nachbauen zu können.

Ein zweiter Bildschirm kann die Arbeit erheblich erleichtern. Allerdings kann man auch zwischen Zoom und MURAL hin- und herwechseln. Für die nachgebauten Teile benötigt man ausreichend Platz und es hilft, die MURAL-Farblogik zu verwenden ❸.

In Schritt 2 wird das gemeinsame Modell nach den Anweisungen der Teilnehmer online nachgebaut.

b) Der Videostream des Facilitators muss qualitativ hochwertig und gestochen scharf sein.

c) Um das Modell zu bauen, benötigt der Faciliator eine Bodenplatte, die gebauten Elemente und extra Steine.

d) Um die Teilnehmer während des Bauens sehen zu können, benötigt der Facilitator die Ansicht in Zoom.

e) Ein zweiter Monitor erlaubt es dem Facilitator, parallel einen Blick auf das Whiteboard zu werfen.

1
2
3
4
5
6
7
8
9
NORTH
WEST
SOUTH
From the perspective of a participant or trainee...
Build a shared model to show your perfect training
Online Shared Model Building > Language
"Let me pick up an idea / some bricks for you."
"Where would you like me to put this on the board?"
"Was that what you wanted me to do?"
"Like here?"
"Like that?"

Schritt 2 des gemeinsamen Modells: einfacher Aufbau

Das absolute Minimum für den 2. Schritt ist ein Laptop. Unsere Rückmeldungen sagen aber, dass das als ausgesprochen anstrengend empfunden wird. Das Foto links zeigt daher ein Beispiel für ein einfaches, aber gutes Set-up als Referenz.

❶ 32x32-Bodenplatte mit Richtungszeigern

Online gibt Weiß den besten Kontrast. Die deutschen NSOW-Karten finden sich unter www.serious.global/resources/Nord-Süd-Ost-West-Karten.pdf zum herunterladen. Mit Klebeband an der Platte befestigt, bewegen sie sich beim Drehen des Modells mit.

❷ Hilfreich: ein Aufsteller mit der Aufgabe

Stets in Erinnerung dank Absolvent Andrew Joly.

❸ Eine extra Kamera auf Stativ, mit Zoom

Entweder Telefon, Tablet, Webcam oder digitale Spiegelreflexkamera – verbunden mit Zoom. Diese Perspektive liefert die Teilnehmeransicht. Daher: Linse reinigen und schnelle Datenübertragung sicherstellen. Das Bild muss gestochen scharf sein.

❹ Ein Computer mit MURAL geöffnet, Zoom in einem extra Fenster

MURAL wird benötigt, um die Kernaussagen auszuwählen. Einen Eindruck von MURAL und ZOOM auf nur einem Bildschirm vermittelt das Foto auf Seite 164.

❺ Neutrale Fragen

Diese werden im Detail auf Seite 108 vorgestellt. Sie als Vorlage in Sichtweite zu haben, macht die Arbeit leichter.

❻ Die nachgebauten Elemente

Diese entsprechen den Fotos in MURAL.

❼ Extra Steine

Im Laufe der Facilitation werden Teilnehmer zusätzliche Aspekte in das Modell einbringen wollen. Moderator und Teilnehmer brauchen daher die gleiche Auswahl an Steinen. Windows-Kits sind für „Online" hervorragend geeignet, preiswert und einfach mit der Post zu versenden.

❽ Ein langer Zeigestab

Wenn die Teilnehmer die Geschichte erzählen, zeigt und berührt der Facilitator damit das Modell. Die eigenen Arme versperren so nicht die Sicht der Kamera.

❾ Ein bequemer Stuhl (und ausreichend Platz)

Die Moderation im Stehen oder im Knien zehrt an der Konzentration. Außerdem wird ausreichend Platz benötigt. Zu wenig Platz führt zu Chaos. Gegebenenfalls hilft es, in diesem Schritt auf einen anderen Tisch auszuweichen.

Ohne gutes Licht geht es nicht

Vor dem Workshop und dem Bau eines gemeinsamen Modells online sollte ausreichend Zeit aufgewendet werden, um das Licht einzurichten.

Zusätzliche Beleuchtung ist eines der elementaren Dinge, die helfen, die Sichtbarkeit des gemeinsamen Modells für die Teilnehmer zu verbessern.

Das Foto links z. B. zeigt zwei zusätzliche Scheinwerfer, die das gemeinsame Modell an einem separaten Tisch bestmöglich ausleuchten.

Es handelt sich um zwei NEEWER-Softbox-Leuchten mit LED-Lampen, die mit ihren 5.500 Kelvin ein natürliches Tageslicht erzeugen. Der Preis bei Amazon liegt bei ca. 83 € (www.amzn.to/33elosF).

Solche Leuchten sind *nicht* zwingend erforderlich. Eine kleine Investition in das Equipment kann sich aber auszahlen, denn *obwohl* das Foto eine komplette Glasfront zeigt, kann man erkennen, dass die extra Beleuchtung die Sichtbarkeit deutlich verbessert.

Achtung bei Gegenlicht

Kann man das Sonnenlicht nutzen, sollte man seinen Tisch so positionieren, dass das Licht optimal genutzt wird. Dazu sollte man seine Kamera stets mit dem Rücken zur Sonne ausrichten, da keine Kamera gegen Gegenlicht ankommt.

Direktes Sonnenlicht sollte man grundsätzlich vermeiden, da es harte Schatten wirft und der Kontrast zwischen den Stellen, auf die das Sonnenlicht trifft, und denen ohne Sonne, das Modell schwer erkennbar macht.

Es ist also ratsam, sich vorher Gedanken über die Beleuchtung zu machen – sei es durch den Einsatz des Sonnenlichts, vorhandene Lampen oder LEDs.

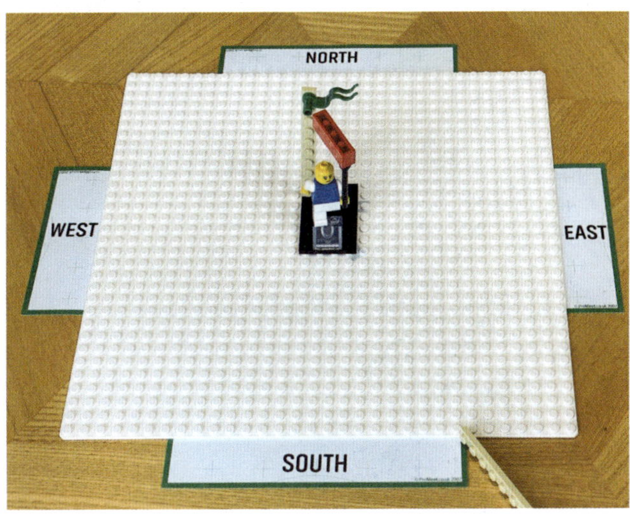

Detailfoto einer Bodenplatte mit Richtungsanzeigern

Die Himmelsrichtungen erlauben es den Teilnehmern, dem Moderator Anweisungen zu geben, wo er ihrer Meinung nach einzelne Elemente platzieren soll.

„Weiter südlich bitte!“

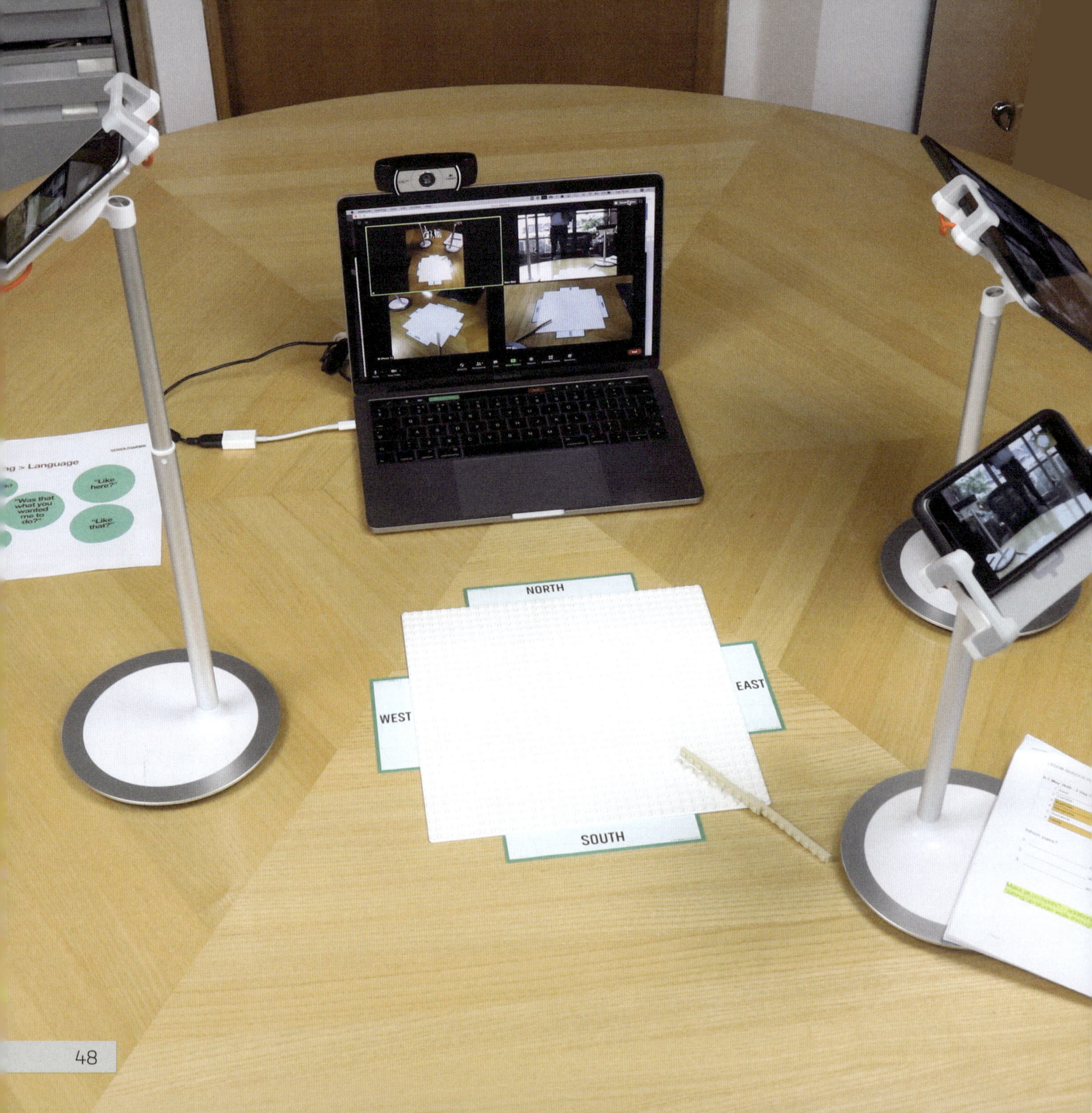
g > Language
"Like here?"
"Was that what you wanted me to do?"
"Like that?"
NORTH
WEST
EAST
SOUTH

Zusätzliche Kameras?

Während unserer ersten Versuche mit online gebauten gemeinsamen Modellen haben wir mit zusätzlichen Kameras experimentiert, um die Sichtbarkeit weiter zu verbessern.

Wenn man sich für mehrere Kameras entscheidet, sollte man jeder einen eigenen Namen geben (K1, K2 etc. ...), deren Funktionsfähigkeit vor dem Workshop testen und sich mit dem Set-up vertraut machen.

Um herauszufinden, welche Ansicht die beste ist, bittet man die Teilnehmer, jede Perspektive im Vollbildmodus zu betrachten und entsprechend Rückmeldung zu geben. Die Kamera mit der besten Auflösung sollten sich die Teilnehmer dann „anheften“.

Wir denken, eine Kamera ist ausreichend, sofern die Qualität entsprechend gut ist. Werden andere Ansichten benötigt, kann man das Modell drehen.

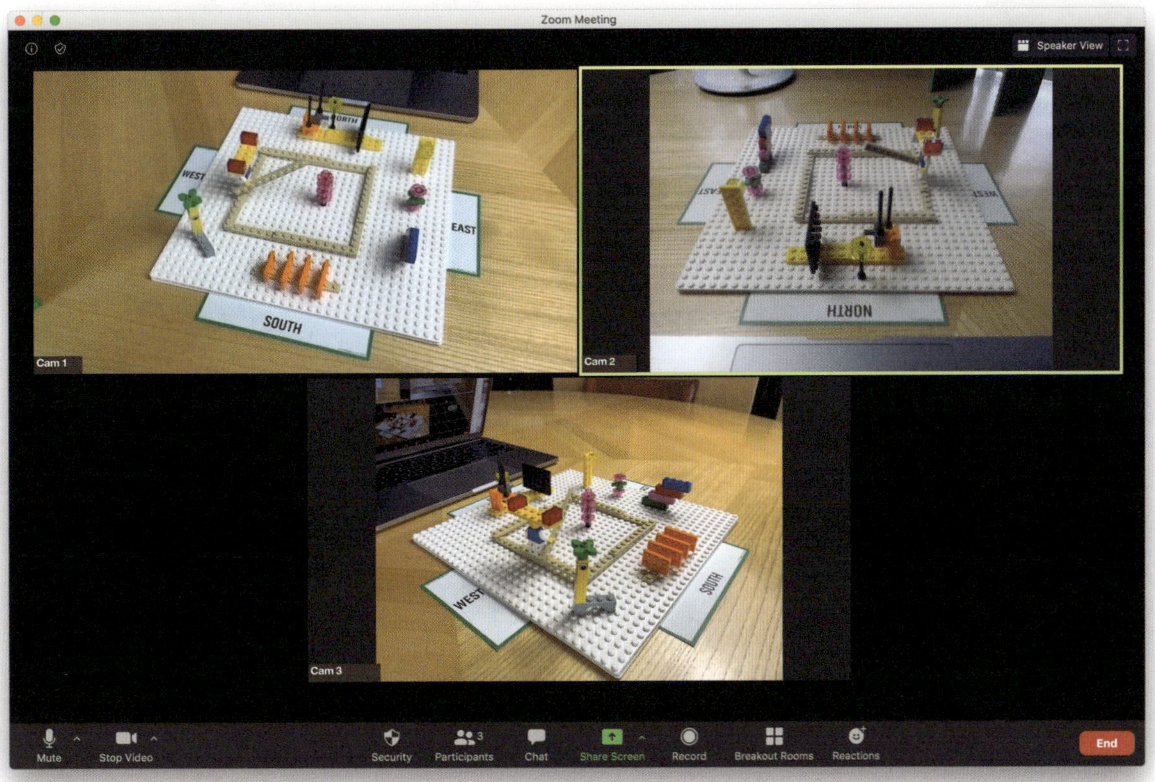

1
NORTH
EAST
SOUTH

Aufbau mit zwei Monitoren

Hat man einen zweiten (gegebenenfalls. ausrangierten) Laptop übrig, kann man sein Set-up entprechend verändern. Das Bild auf der Seite gegenüber zeigt einige Verbesserungen gegenüber dem Aufbau auf Seite 44 bis 45.

Der Vorteil besteht darin, dass der Moderator nicht zwischen Zoom und MURAL hin- und herwechseln muss. Der Facilitator kann sich so auf die Moderation konzentrieren, die sowieso schon anspruchsvoll ist.

Als Facilitator muss man zeitgleich:

- das Modell mithilfe der Magic Hands© bauen,
- jeden Teilnehmer einbeziehen und das Gespräch lenken und leiten,
- den Gesamtprozess im Kopf behalten und die kommenden Schritte vorausplanen sowie
- die Gruppe zu einem Gesamtergebnis führen.

Muss man jetzt zusätzlich noch zwischen MURAL und Zoom auf nur einem Bildschirm hin- und herwechseln, führt das zu einer zusätzlichen Belastung. Ein zweiter Laptop ist daher sehr empfehlenswert!

Dieses Set-up ist deutlich besser, dennoch könnte die Darstellung auf einem kleinen Display ❶ für manchen schwer zu lesen sein.

Dieses Problem wird durch einen noch professionelleren Aufbau adressiert (vgl. dazu Seite 52 bis 53).

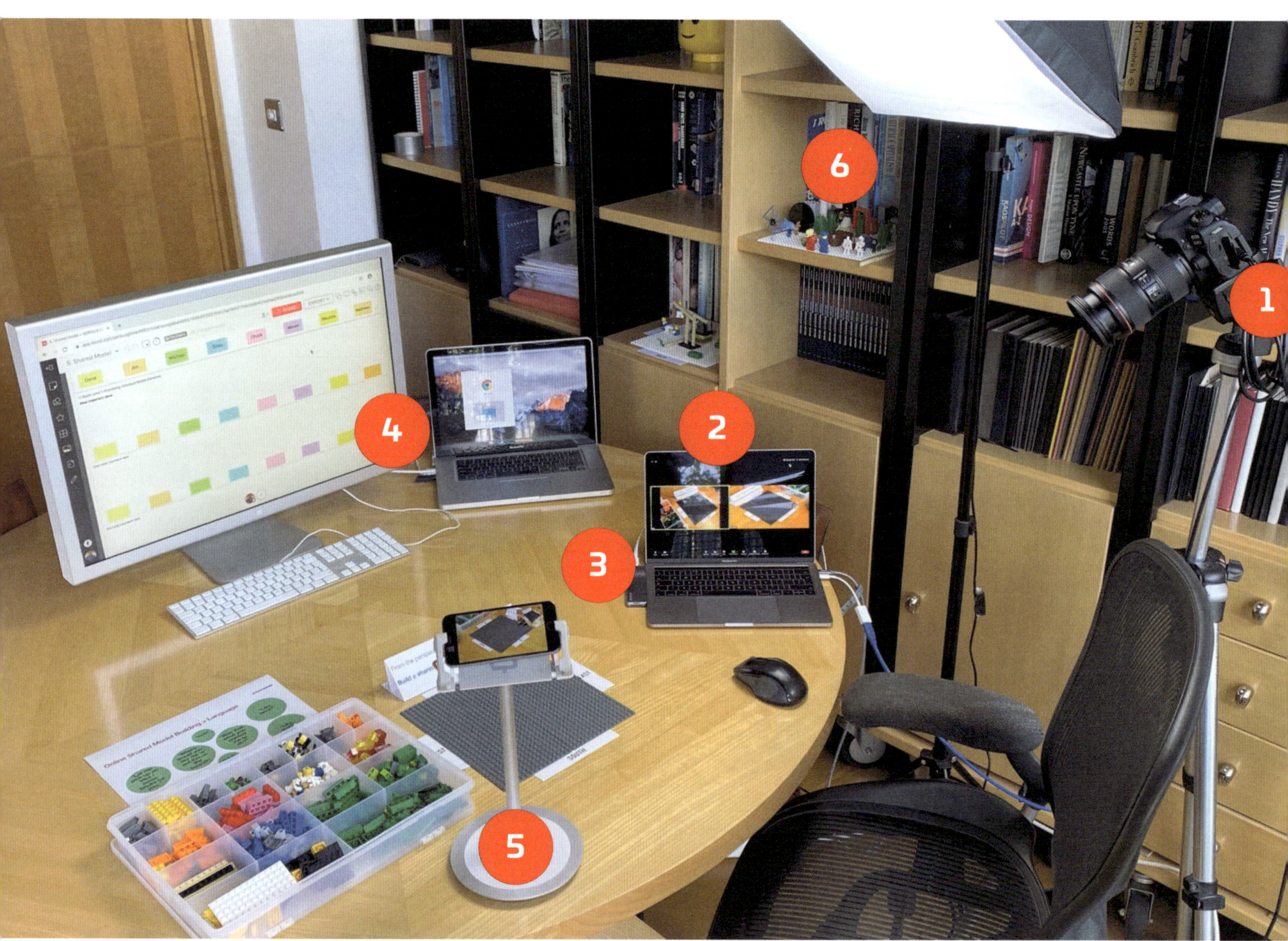
1
2
3
4
5
6

Profi-Set-up

Wer viele Online-LEGO® Serious Play®-Workshops durchführt oder an strategisch wichtigen Projekten arbeitet, sollte über einen noch besseren Aufbau nachdenken.

❶ Digitale Spiegelreflexkamera

Die größte Verbesserung in der Auflösung des Bildes erreicht man durch die Verwendung einer digitalen Spiegelreflexkamera. Diese verbindet man über HDMI mit dem Zoom-Meeting.

Man benötigt einen HDMI-Konverter, wie z. B. einen Elgato CAM LIMK 4k. Die Spiegelreflexkamera ersetzt dann die eingebaute Laptopkamera ❷ und wird so zum „Teilnehmer" im Zoom-Meeting.

❷ Permanent geöffnetes Zoom-Fenster

Dieses ermöglicht einem, ständig einen Blick auf das Geschehen werfen zu können, wenn nötig. Das Foto zeigt ein laufendes Zoom-Meeting mit zwei verschiedenen auf die graue Platte ausgerichteten Kameraperspektiven. In einem echten Workshop wären hier auch die übrigen Teilnehmer sichtbar. Nutzt man das „Build-along©"-Vorgehen (später im Detail beschrieben), kann man jetzt schnell andere Teilnehmer oder Modelle anheften.

❸ Ethernet-(LAN)-Verbindung

Die Verbindung über WLAN kann die Übertragung der Videos verlangsamen. Dem kann man entgegenwirken, indem man die primäre Kamera über LAN-Kabel verbindet. Manche PCs benötigen dafür einen Adapter.

❹ Zweiter Bildschirm für MURAL

In einer perfekten Umgebung läuft Zoom auf einem Bildschirm und MURAL auf einem zweiten, um nicht zwischen den einzelnen Fenstern wechseln zu müssen. Auf nebenstehendem Foto z. B. ist ein alter 32"-Monitor an einen alten Mac angeschlossen.

❺ Extra Kamera

In diesem Aufbau ist eine weitere Kamera in Form eines Smartphones eingebunden. Auf dem Bild ist die Perspektive des gemeinsamen Modells auf West-Ost ausgerichtet.

❻ Extra Steine

Im Bücherregal auf dem Foto sind extra Steine erkennbar (mehr hierzu auf Seite 120 bis 121). Diese stehen dem Facilitator in Griffweite zur Verfügung, sollte ein Teilnehmer einen Stein benötigen, der nicht Teil des gemeinsamen Vorrats ist.

Dieses Setting ist sicher noch ausbaufähig und wir haben Set-ups gesehen, die einem Studio schon sehr nahe kamen. Wer ausreichend Platz und Technik hat, kann die Latte hier noch höher hängen.

Image	Color	Description	Image	Color	Description
	Black	2x Antenna		White	Legs and Hips
	Black	Plate 4 x 6		Yellow	3x Brick 1 x 1 with Simple Black Eye
	Black	Propeller		Yellow	Brick Curved 2 x 3 with Curved Top
	Blue	2x Brick 1 x 4		Yellow	Minifigure Head
	Blue	Torso		Yellow	2x Plate 2 x 6
	Bright Green	Plant		Dark Gray	Tile Special 2 x 2 with Pin
	Dark Gray	2x Brick 1 x 2		Dark Pink	2x Brick 1 x 4
	Dark Gray	Brick Special 1 x 2 with Pin		Green	2x Brick 1 x 2
	Dark Gray	Ladder		Green	2x Brick 1 x 4
	Dark Gray	2x Slope 33° 3 x 1		Green	Brick 2 x 2
	Dark Gray	2x Slope Inverted		Green	Brick 2 x 4
	Red	2x Brick 1 x 4		Green	2x Flag 4 x 1 Wave
	Tan	2x Plate 1 x 10		Light Gray	2x Brick Arch 1 x 4
	Trans- Clear	Slope 45° 2 x 2		Lime	2x Brick 1 x 2
	Trans- Pink	Plant, Flower		Orange	Plate 2 x 3
	Trans- Red	2x Brick 1 x 2		Orange	Plate 2 x 4
	Trans- Yellow	Round 2 x 2 with Axle Hole		Orange	2x Slope 45° 2 x 1 with Bottom Pin

Hinweis des Übersetzers: Die offizielle Bezeichnung der Teile im LEGO®-Store ist auf Englisch. Auf eine Übersetzung wird daher verzichtet.

Welche Steine und wann?

Das Windows-Exploration-Kit ist für Online-Workshops die erste Wahl. Es ist preiswert und die geringe Steineanzahl hilft, dass Teilnehmer schnell in Metaphern denken und substanzielle Geschichten erzählen.

Steine für Baustufe 1-Online-Workshops

Bei Online-Workshops, die sich *nur* im individuellen Modell bewegen, spielen die Steine der Teilnehmer keine Rolle. Anstatt an jeden ein Windows-Kit zu verschicken, kann man die Liste links zur Verfügung stellen und bitten, ähnliche Steine zu besorgen.

Zur Not geht es auch ganz ohne LEGO®-Steine

Bei einem unserer Workshops sind die Steine trotz Vorlauf nicht rechtzeitig angekommen. Unser Teilnehmer hat dann improvisiert und Verschlussklammern und Becher für das Skills Build genutzt. So zeigt das Bild unten den Traumurlaub mit Wellen, Sand und Sonne.

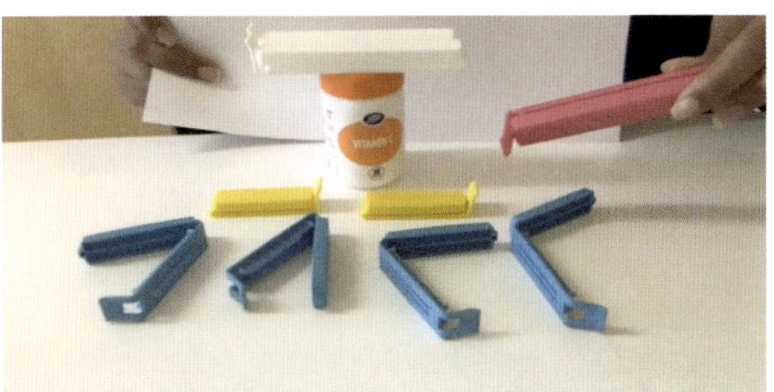

Steine für Baustufe 2-Online-Workshops

Beim Bau des gemeinsamen Modells ist es hingegen essenziell, dass alle Teilnehmer über die gleichen Steine verfügen, da das Bauen sonst *sehr viel komplizierter* wird. Verwendet jemand in seinem individuellen Modell z. B. einen LEGO® DUPLO® Tiger, der in das gemeinsame Modell übernommen werden soll, besteht die hohe Wahrscheinlichkeit, dass der Facilitator (und die anderen Teilnehmer) nicht über das Element verfügt. Die einzige Alternative ist, aus einigen orangefarbenen Steinen einen metaphorischen Tiger zu bauen (vgl. dazu auch Seite 123).

Wir versenden Windows-Kits an alle Teilnehmer vorab, sodass alle über die gleiche Auswahl verfügen. Bei acht Teilnehmern erhält jeder von ihnen acht Windows-Kits und eine 32x32-Grundplatte.

Für den Bau des individuellen Modells sollte zunächst NUR ein Windows-Kit benutzt werden. Nutzt nämlich z. B. ein Teilnehmer in seinem individuellen Modell sechs MiniFiguren® und ein weiterer drei, dann stehen im gemeinsamen Modell beim „Build-along©"-Vorgehen nicht mehr genug MiniFiguren® zur Verfügung.

Die Teileliste auf der linken Seite kann genutzt werden, damit sich die Teilnehmer ihr eigenes Windows-Kit zusammenstellen können. Diese findet sich im Internet unter: https://seriousplaypro.com/bricks/web/

Materialverzeichnis

Für den Bau eines online-facilitierten gemeinsamen Modells erforderliche Grundausrüstung:

- ein gut durchdachtes und gut geplantes Drehbuch mit klar definierten Zielen und strukturiertem Vorgehen,
- einen Computer, idealerweise in Form eines Laptops; dieser sollte über LAN mit dem Internet verbunden sein, um WLAN-Bandbreite für weitere Kameras freizugeben,
- eine Zoom-Pro-Lizenz,
- ein Online-Kollaborationstool wie z. B. MURAL oder MIRO; zur Not funktioniert auch Online-PowerPoint™,
- eine aufgeräumte, saubere Arbeitsfläche oder ein Tisch für das gemeinsame Modell sowie ein Stuhl,
- ein zoom-fähiges Smartphone oder Tablet,
- eine Halterung oder ein Stativ, um das Smartphone oder Tablet zu befestigen,
- TAGESLICHT-Beleuchtung (5.000 Kelvin),
- eine schnelle Internetverbindung,
- ein stabiles und leistungsfähiges WLAN,
- Nord-, Süd-, Ost-, West-Richtungsanzeiger, die an einer …
- LEGO®-32 x32-Grundplatte befestigt werden; weitere Platten verschiedener Größen als Reserve sind empfehlenswert,
- ein Ausdruck der neutralen Fragen,
- ein Ausdruck der Aufgabe, im Dreieck als Aufsteller gefaltet,
- die gleichen Steine wie die Teilnehmer.

Für den Bau eines online-facilitierten gemeinsamen Modells empfohlene Zusatzausrüstung:

- eine digitale Spiegelreflexkamera, die via HDMI und Adapter (z. B. Elgato CAM LINK) mit dem Laptop verbunden ist,
- ein Kamerastativ,
- ein zusätzlicher Computer oder Bildschirm für die Darstellung von MURAL,
- zusätzliche Beleuchtung,
- ein Bluetooth-Headset.

Der Aufbau im Video

Dieses Video führt in zwei Minuten durch ein gelungenes Set-up.

Das Video ist zu finden unter: **https://bit.ly/3i6CjlL**

Kapitel 4

Weitere Vorbereitungstätigkeiten

Planen für den Erfolg

Wie wir schon in unseren beiden anderen Büchern SERIOUSWORK und MASTERING[1] deutlich gemacht haben, bestimmt sich der Erfolg eines Workshops in dessen Planungsphase.

Diese Vorbereitung wird nicht kürzer, nur weil der Workshop online stattfindet. Online-LEGO® Serious Play® erfordert STATTDESSEN weitere Schritte, die für Präsenz nicht erforderlich sind.

Fassen wir kurz zusammen: Bislang haben wir uns damit befasst, wie man die Teilnehmer in ihrem Set-up unterstützt und wie man selbst seinen Arbeitsplatz vorbereitet.

Ziele des Workshops und Drehbücher

In unseren ersten beiden Büchern haben wir uns intensiv mit Auftragsklärung und dem Prozess der Workshopplanung auseinandergesetzt. Wir wollen an dieser Stelle nicht erneut im Detail hierauf eingehen, sondern auf die vielen Tipps und Hinweise in beiden Büchern zu dem Thema verweisen.

Aufgrund der hohen Bedeutung möchten wir dennoch zwei Punkte von Seite 21 aus „MASTERING" nochmals deutlich hervorheben:

„Der größte Teil der Arbeit liegt zweifelsohne in der Vorbereitung eines LEGO® Serious Play®-Workshops. Hier liegt der Schlüssel zum Erfolg.

Planung und Vorbereitung sind die Schlüsselelemente jedes erfolgreichen und professionell moderierten Workshops. In dieser Phase wird festgelegt, was wann durchgeführt wird, und der Erfolg definiert sich durch die Vorbereitung. Basta."

Zusätzliche Erwägungen für die Online-Planung: Mehr Pausen halten die Energie hoch.

Bei der Ausgestaltung eines Online-Workshops planen wir nach je 50 bis 60 Minuten Bildschirmzeit eine kurze Pause von ca. zehn Minuten Dauer ein.

In dieser Pause empfehlen wir den Teilnehmern, sich zu bewegen, Luft zu schnappen und etwas zu trinken. Diese Frequenz hat sich für uns als besonders wirkungsvoll erwiesen. So konnten wir feststellen, dass die Gruppenenergie nach 90-Minuten-Einheiten deutlich niedriger war als nach 60 Minuten.

[1] Erhältlich unter www.serious.global/read/ oder im Buchhandel. Die deutsche Ausgabe von MASTERING wird voraussichtlich im zweiten Halbjahr 2021 erscheinen.

Die Faustregel, nach ca. 90 Minuten in Präsenzworkshops eine Pause einzuplanen, lässt sich also nicht einfach auf Online-Workshops übertragen.

Kleinere Gruppengrößen

Die ideale Gruppengröße für einen Online-Workshop beträgt sechs bis acht Personen. Alles andere wird problematisch. Mit mehr Teilnehmern sinkt die Beteiligung. Bei Workshops mit mehr als sechs bis acht Teilnehmern sollte man daher über Breakouts nachdenken.

In Kapitel 9 „Fallstudien unserer Absolventen" wird eine Fallstudie vorgestellt, in der ein Online-Workshop mit 78 Teilnehmern durchgeführt wurde. Großgruppen sind also machbar, erfordern aber eine größere Vorbereitung.

Bei den folgenden Schritten gehen wir davon aus, dass das Ziel bereits definiert, ein Drehbuch erstellt und mit jedem Teilnehmer der essenzielle „Tech-Check" durchgeführt wurde, wie in Kapitel 2 beschrieben.

Steine für die Teilnehmer

Als Facilitator muss man im Vorfeld sicherstellen, dass alle Teilnehmer über Steine verfügen. Bei reinen Baustufe-1-Workshops können Teilnehmer sich die Steine nach Vorlage selbst zusammenstellen. Bei Baustufe-2-Workshops müssen die Steine und die Grundplatten vorab verschickt werden.

Einwahldaten

Es empfiehlt sich, den Teilnehmern die Zugangsdaten nicht nur per Mail, sondern auch per Kalendereinladung zuzusenden.

Zugangsdaten zum Online-Whiteboard

Wer ein digitales Whiteboard[2] nutzt, darf nicht vergessen, vorab Templates zu erstellen und die Teilnehmer zu dem Tool einzuladen. Die Beispiele in diesem Buch können als Vorlage verwendet werden.

Wir versenden mit den Zugangsdaten eine „Hausaufgabe", um später schneller einsteigen zu können.

Am Tag vor dem eigentlichen Workshop

Jetzt sollte sichergestellt sein, dass die Batterien aller Geräte (Kamera, Headset ...) voll geladen sind.

Am Tag des Workshops

Ein Neustart des Computers hilft, mögliche Fehlerteufel zu eliminieren. Außerdem sollten der Zugang zu MURAL, vorbereitete Folien, das Licht sowie die Kameraperspektiven nochmals überprüft werden.

Das Meeting sollte ca. 15 Minuten vor dem eigentlichen Start begonnen werden. Während die Teilnehmer eintreten, hilft es, die Zeit mit einem Gespräch zu überbrücken (z. B. „Wie hieß Dein erstes Album?").

2. In diesem Buch beziehen wir uns auf MURAL. Andere Whiteboard-Tools funktionieren jedoch ebenfalls.

Kapitel 5

Die vier Phasen des Online-LEGO® Serious Play® Skills Build

1. Technische Skills zu Plattformen & Online-Umgebung

Gefolgt von den üblichen:

2. Technische Skills mit Steinen
3. Steine als Metaphern
4. Storytelling – die drei Arten der Kommunikation

Das digitale Plattform Skills Build

Das übliche LEGO® Serious Play® Skills Build hat, wenn in Präsenz durchgeführt, drei Phasen:

1. Technische Skills mit Steinen

2. Steine als Metaphern

3. Storytelling – die drei Arten der Kommunikation

Bei Online-LEGO® Serious Play® hingegen konzentriert sich die erste Phase darauf, den Teilnehmern die Fähigkeiten zu vermitteln, die digitalen Plattformen überhaupt nutzen zu können.

Bei Online-LEGO® Serious Play® wird das Skills Build also um eine vierte Phase erweitert, die nicht mit Steinen, sondern Pixeln beginnt: das digitale Plattform Skills Build.

Zunächst: Was machen bei technischen Problemen?

Bevor man mit dem eigentlichen Plattform Skills Build beginnt, ist es ratsam, zunächst eine Folie zu zeigen, die sagt, was im Fall von technischen Problemen zu tun ist: Verbindungsabbrüche sind leider noch die Regel. Wir empfehlen unseren Teilnehmern z. B. in diesen Fällen, eine SMS an uns zu senden.

Zunächst aber mehr zu den verschiedenen Plattformen:

Die Videokonferenzplattform

Durch den Lockdown und die Pandemie wird schon so ziemlich jeder mit Zoom in Berührung gekommen sein. Unter allen verfügbaren Anbietern halten wir Zoom für DAS Tool für Online-LEGO® Serious Play®.

Zoom gibt Teilnehmern die Kontrolle über ihre Ansichten, andere Kameras einzubinden, ist einfach, Präsentationen anzuzeigen unkompliziert und die Möglichkeit von Breakouts exzellent. Am Datenschutz wurde gearbeitet und es ist die einzig uns bekannte Plattform, bei der alle Teilnehmer angezeigt werden. Der Pro-Account kostet derzeit (2021) ca. 14 € im Monat.

Das digitale Whiteboard

Die Wahl des passenden digitalen Whiteboards ist nicht ganz so eindeutig. Es gibt eine Vielzahl an guten Plattformen. Je nach Präferenz oder Gewohnheit erfüllen sie alle ihren Zweck.

Wir nutzen MURAL, um in Echtzeit Notizen zu machen, Fotos hochzuladen und zu kommentieren.

Bei einem Online-Workshop für die US-Army haben sich die Teilnehmer gegen MURAL ausgesprochen. Sie waren der Meinung, es zöge Bandbreite und verlangsame die PCs. Wir haben uns dann für Online-PowerPoint™ entschieden und die Ergebnisse auf den Boards waren den anderen recht ähnlich.

Es gibt zwei Einsatzgebiete von digitalen Whiteboards bei der Facilitation von Online-LEGO® Serious Play®.

Das erste ist das online erstellte gemeinsame Modell. Wie MURAL als wesentlicher Bestandteil des Prozesses eingesetzt wird, beschreiben wir an späterer Stelle.

Das zweite ist die Dokumentation von Arbeitsergebnissen am Ende einer Einheit. Das gilt insbesondere dann, wenn dies als Input für eine spätere Einheit dienen soll. Dabei ist der Dokumentationsumfang vom Kundenbedürfnis abhängig. Wird kein Whiteboard benötigt, kann man sich das Skills Build hierfür sparen.

Demografische Erwägungen

Arbeitet man mit sogenannten Digital Natives, benötigen diese vermutlich weniger Hilfestellung und Einweisung beim Umgang mit digitalen Tools und Plattformen.

Sind die Teilnehmer jedoch weniger erfahren im Umgang mit digitalen Lösungen oder weniger technikaffin, so brauchen diese Teilnehmer vereinzelt mehr Unterstützung. Wir hatten Situationen, in denen sich Teilnehmer an den neuen Plattformen die Zähne ausgebissen haben. Die entstehende Selbstfrustration lenkt dann die Aufmerksamkeit weg vom Inhalt. Hier muss unbedingt Hilfe angeboten werden.

Die an anderer Stelle beschriebenen Tech-Checks sind ein probates Mittel, um herauszufinden, wie sicher ein Teilnehmer im Umgang mit digitalen Medien ist.

Skills Build VORAB: Zoom

Auf den folgenden Seiten ist ein Foliensatz abgebildet, den wir unseren Teilnehmern i.d.R. vorab zusenden und der ihnen einen ersten Überblick über Zoom vermitteln soll. Grundlagen vermittelt auch die Hilfeseite von Zoom: https://support.zoom.us

Skills Build VORAB: Whiteboard „Hausaufgabe"

Vor einem Workshop versenden wir eine MURAL-„Hausaufgabe", mit der die Teilnehmer das Hochladen von Bildern und das Ausfüllen elektronischer Haftnotizen in ihrer eigenen Geschwindigkeit vorab üben können. So vermeiden wir unangenehme Situationen, die durch unterschiedliche Fertigkeiten während des Workshops entstehen können.

Währenddessen – Probleme mit dem Whiteboard

Haben ein paar Teilnehmer Probleme, z. B. mit dem Hochladen eines Bildes auf MURAL, sollte man ihnen anbieten, sich das Foto per Mail zusenden zu lassen und es für sie hochzuladen. So greift man ihnen unter die Arme, nimmt ihnen den Stress und kann flüssig mit dem Workshop fortfahren.

Die Plattformen haben unterschiedliche Funktionen, die bei der Gestaltung des Workshops helfen können. Die Breakout-Funktion in Zoom z. B. ist gut dafür geeignet, das Engagement durch Kleingruppenarbeit zu erhöhen. MURAL hingegen verfügt über einen Timer und eine Abstimmfunktion, die die Teilnehmer bei der Entscheidungsfindung unterstützen können.

Lässt man sich, wie in Kapitel 1 adressiert, auf die digitalen Möglichkeiten ein, kann das Workshopdesign signifikant verbessert werden.

Ein großer Vorteil – eine bessere Dokumentation

Durch die digitalen Tools kann der Workshop leicht als Ganzes aufgezeichnet werden. Was in Präsenzworkshops harte Arbeit wäre, erledigt Zoom auf Knopfdruck. Aber auch nur einzelne Geschichten der individuellen oder gemeinsamen Modelle lassen sich aufzeichnen und so dokumentieren.

Mithilfe digitaler Whiteboards lässt sich zudem der schrittweise Aufbau eines gemeinsamen Modells nachvollziehen UND schnell und einfach zusammenfassen. Auch dies ist ein Vorteil der Online-Form gegenüber Präsenzworkshops.

Zeit in den Aufbau von Plattform Skills zu investieren, zahlt sich aus, insbesondere beim Bau eines gemeinsamen Modells.

Das Vermitteln von Plattform Skills befähigt die Teilnehmer darin, Modelle besser zu sehen und zu teilen. Sie kommen zudem schneller durch den etwas aufwendigeren Online-LEGO® Serious Play®-Prozess.

Skills Build WÄHREND des Workshops

Eine weitere Möglichkeit besteht darin, die Plattform Skills zu Beginn des Workshops durchzuführen. Wir verwenden dazu die nachfolgend abgebildeten Folien.

Download der Folien

Die auf den Folgeseiten abgedruckten Folien stehen unter **www.serious.global/online-downloads** zur Verfügung (vgl. Seite 185 für weitere Informationen).

Plattform Skills Build: Tätigkeiten im Anschluss

An das Plattform Skills Build schließt sich das übliche Skills Build aus technischen, metaphorischen und Storytelling-Skills an. Dies erfolgt quasi analog zur Präsenzform.

Der Hauptunterschied ist jedoch, dass der Facilitator auch für die Sichtbarkeit der Modelle verantwortlich ist und die Teilnehmer gegebenenfalls auf Anpassungen und Verbesserungen hinweist.

Folien & ergänzende Informationen

SERIOUSWORK

Ziel

Sie sind in der Lage, Zoom für Online-LEGO® SERIOUS PLAY®-Workshops zu nutzen

SERIOUSWORK

Zunächst

Eine kleine Zoom-Tour

Folien & ergänzende Informationen

SERIOUSWORK

Bitte zeigen Sie mir den Grad Ihrer Expertise:

5 Finger = Ich bin ein Zoom-Experte.

1 Finger = Ich bin ein Zoom-Neuling.

Die Teilnehmer werden gebeten zu zeigen, wie sicher sie im Umgang mit Zoom sind. Bei vielen 4ern und 5ern kann man den Prozess beschleunigen.

SERIOUSWORK

1. Stummschalten

Befinden sich die Teilnehmer in einer ruhigen Umgebung, sollten diese die Mikrofone geöffnet lassen. Das erspart viele „Ich kann Dich nicht hören"-Dialoge.

SERIOUSWORK

Für einen Lacher sorgt, wenn man zugibt, dass man selbst diesen Fehler gemacht hat.

SERIOUSWORK

Insbesondere in lauter Umgebung
(oder auf dem Klo mit Bluetooth-Headset),

wenn Sie nicht am Reden sind ...
... stummschalten

Folien & ergänzende Informationen

SERIOUSWORK

2. Ansichten wechseln

Gallerieansicht & Sprecheransicht

SERIOUSWORK

Auswahlfeld

Von essenzieller Bedeutung!

Es ist wichtig, dass die Teilnehmer wissen, wie sie ihre Ansichten ändern können und die Kontrolle behalten.

Ebenfalls von Bedeutung!

Die Teilnehmer müssen in der Lage sein, ein kleines Video anzuheften, um es zu einem großen Video zu machen.

SERIOUSWORK

3. Video anheften
(bzw. Sprecherfenster vergrößern)

Es empfiehlt sich, dies als Livedemonstration vorzuführen.

Folien & ergänzende Informationen

SERIOUSWORK

Ansichten wechseln – Übung
Heften Sie das Video der Person an, die ihr Modell vorstellt …

Hier bietet sich eine Übung dazu an.

SERIOUSWORK

Wir setzen voraus, dass Sie selbst Verantwortung dafür übernehmen, Sprechervideos anzuheften.

Es empfiehlt sich, dies klar herauszustellen. Sobald wir ins Teilen der Geschichten einsteigen, sagen wir z. B.: „Okay Rolf, ich werde jetzt Dein Video anheften. Ich empfehle, dass Ihr anderen das auch macht.“

SERIOUSWORK

4. Folienansicht: groß oder klein

Zoom ermöglicht es den Teilnehmern, geteilte Folien zu vergrößern und zu verkleinern. Der Slider ist allerdings nur SEHR schlecht erkennbar. Diese Funktion sollte daher erläutert werden.

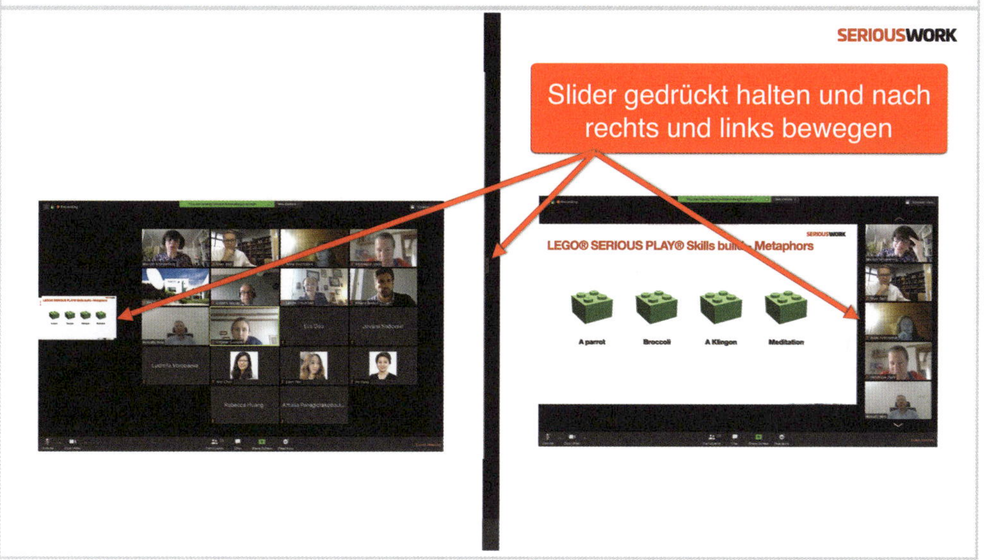

Folien & ergänzende Informationen

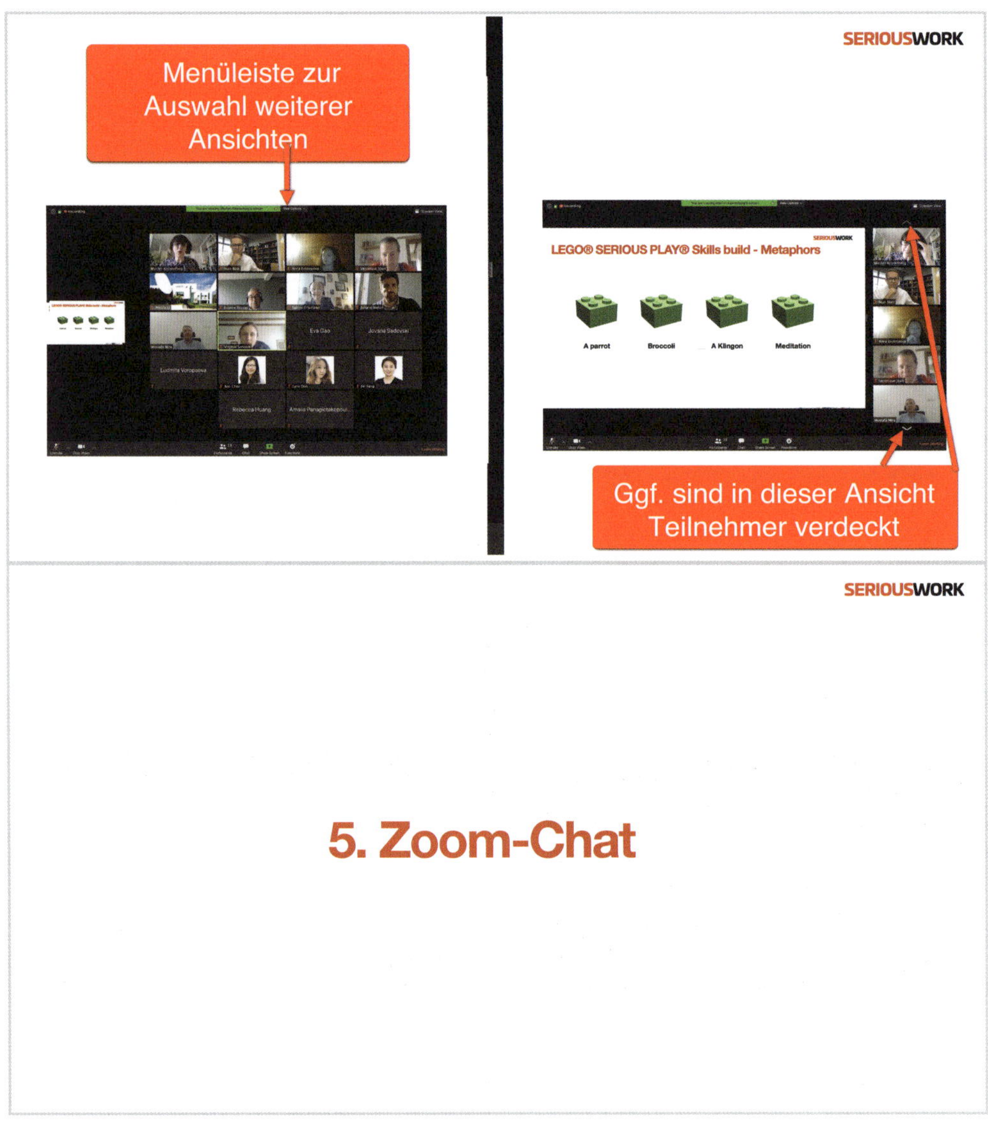

Diese Ansichtsoption bietet den Teilnehmern die Wahl, ob sie die Folien in einer vertikalen oder horizontalen Ausrichtung betrachten möchten.

SERIOUSWORK

SERIOUSWORK

6. Umbenennen
Geben Sie Ihren VORNAMEN und Wohnort ein

Folien & ergänzende Informationen

SERIOUSWORK

Ziel

Sie sind in der Lage, MURAL für Online-LEGO® SERIOUS PLAY®-Workshops zu nutzen.

SERIOUSWORK

ist ein digitales Whiteboard

Folien & ergänzende Informationen

SERIOUSWORK

MURAL

Bitte zeigen Sie mir den Grad Ihrer Expertise:

5 Finger = Ich bin ein MURAL-Experte.
1 Finger = Ich bin ein MURAL-Neuling.

Auch hier empfiehlt es sich, eine Abfrage zu machen. Der Grad an Erfahrung bestimmt, wie schnell man durch diesen Abschnitt gehen kann.

SERIOUSWORK

Bitte die Finger von der Maus nehmen!

Bei MURAL ist der Mauszeiger mit dem Nutzernamen beschriftet. Bewegen alle Nutzer ihren Cursor gleichzeitig, wird das schnell unübersichtlich.

SERIOUSWORK

MURAL ist integraler Bestandteil des Prozesses, um ein gemeinsames Modell online zu bauen.

SERIOUSWORK

Ein fertig ausgefülltes MURAL-Board gibt den Teilnehmern ein Verständnis davon, was im kommenden Workshop erreicht werden wird.

Links sind die individuellen Modelle, rechts das fertige gemeinsame Modell zu sehen.

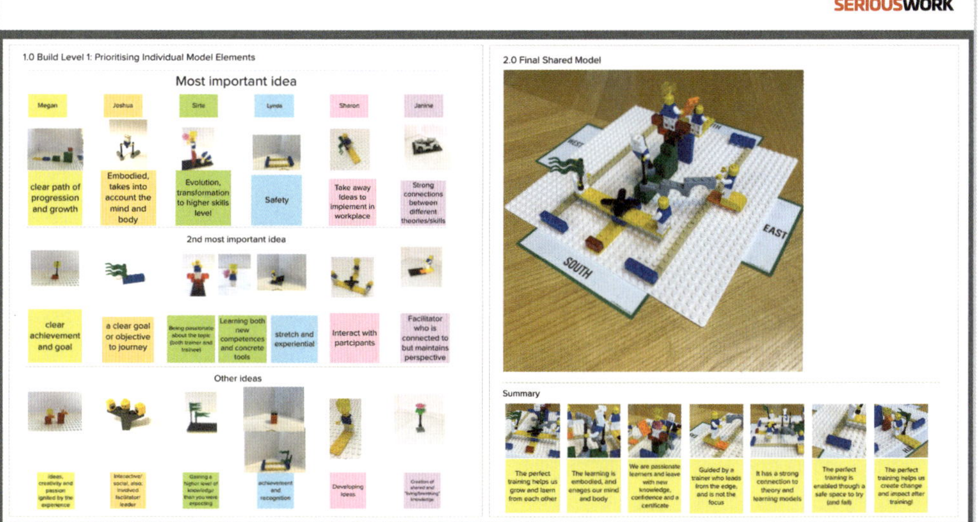

Folien & ergänzende Informationen

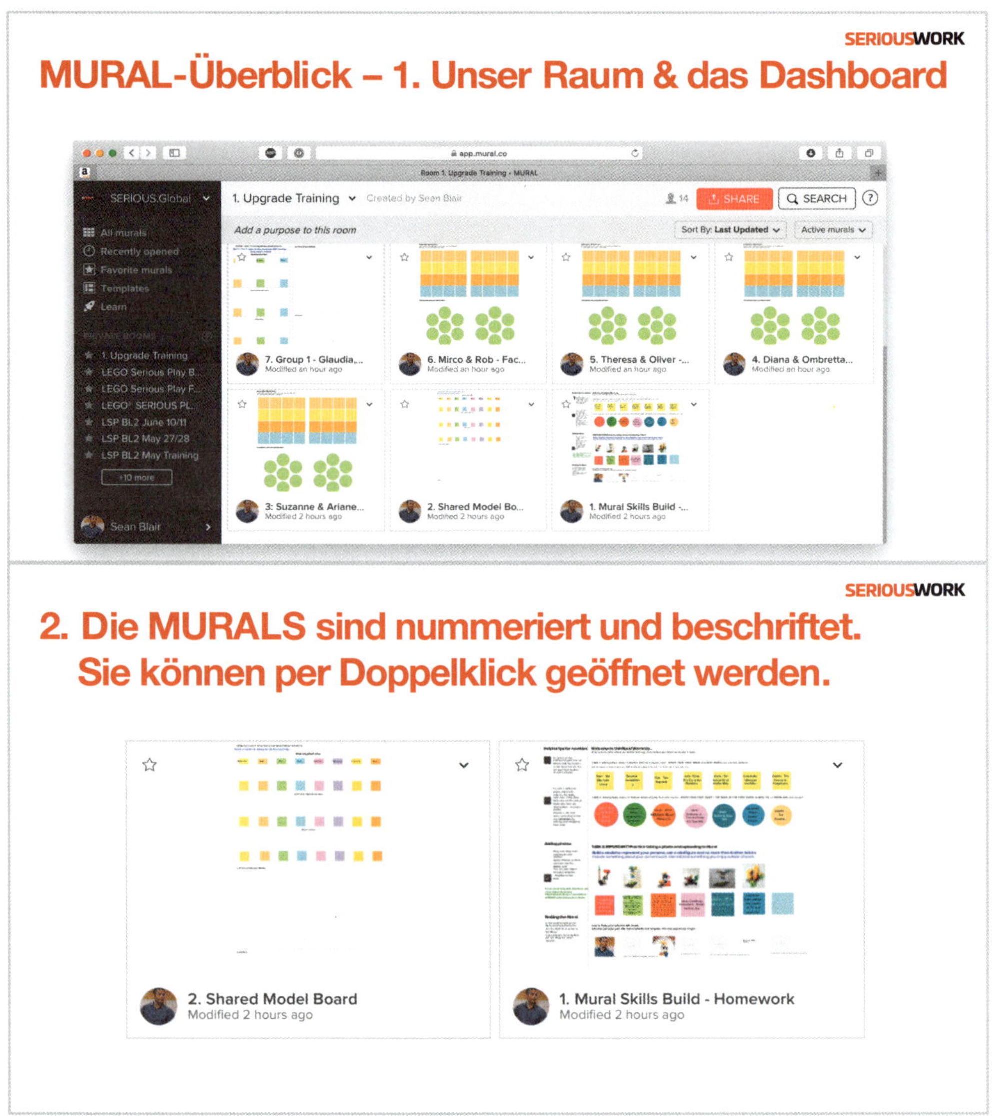

Diese Folie hat zum Ziel, den Raum und das Dashboard vorzustellen.

Wir nummerieren die MURAL-Boards in der entsprechenden Reihenfolge und geben ihnen eindeutige Bezeichnungen.

Den Teilnehmern zu zeigen, wo sich das Menü befindet, hilft bei der Orientierung.

Ebenso ist es hilfreich, das Herein- und Herauszoomen vorzuführen.

Am besten macht man dies über Screenshare.

An dieser Stelle wird demonstriert, wie man einer Haftnotiz Text hinzufügt.

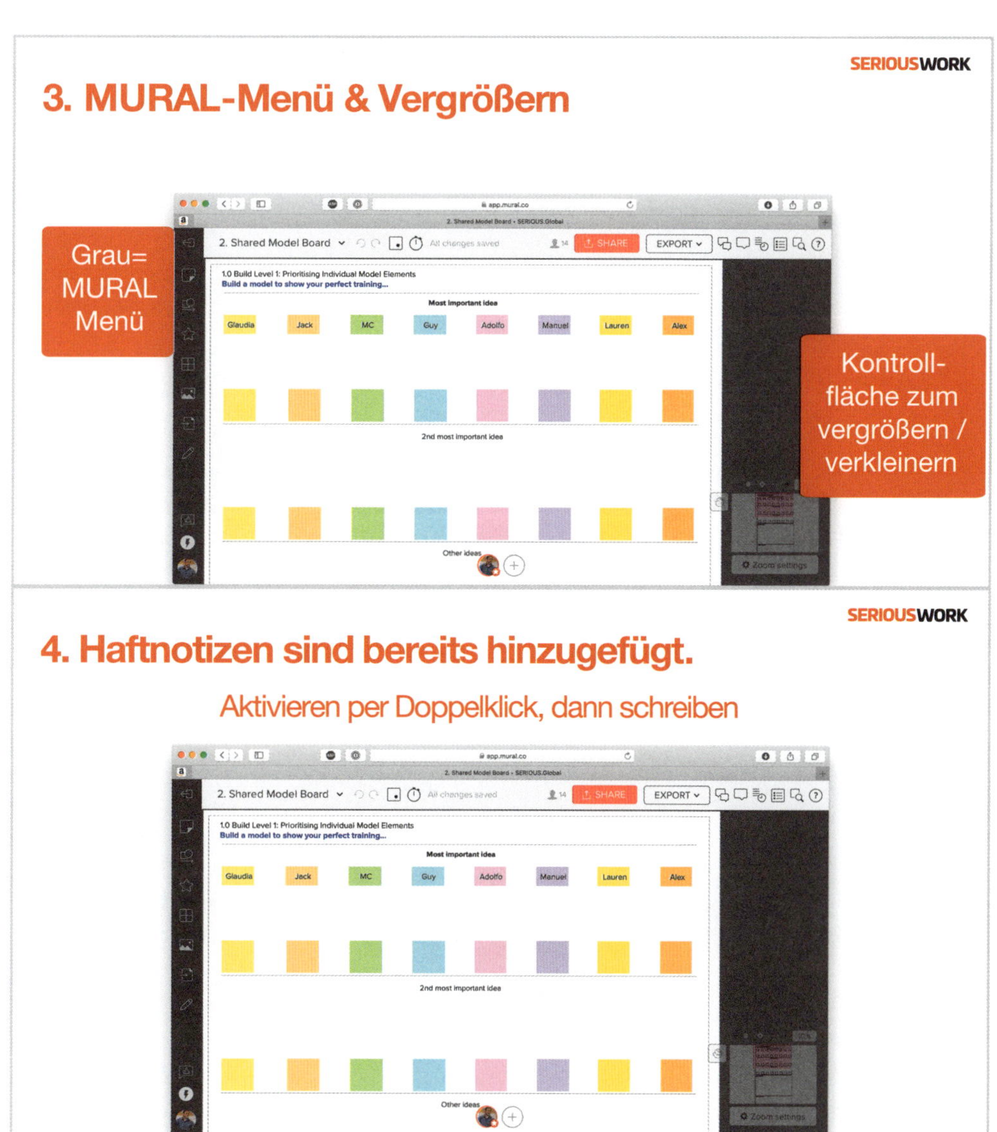

Folien & ergänzende Informationen

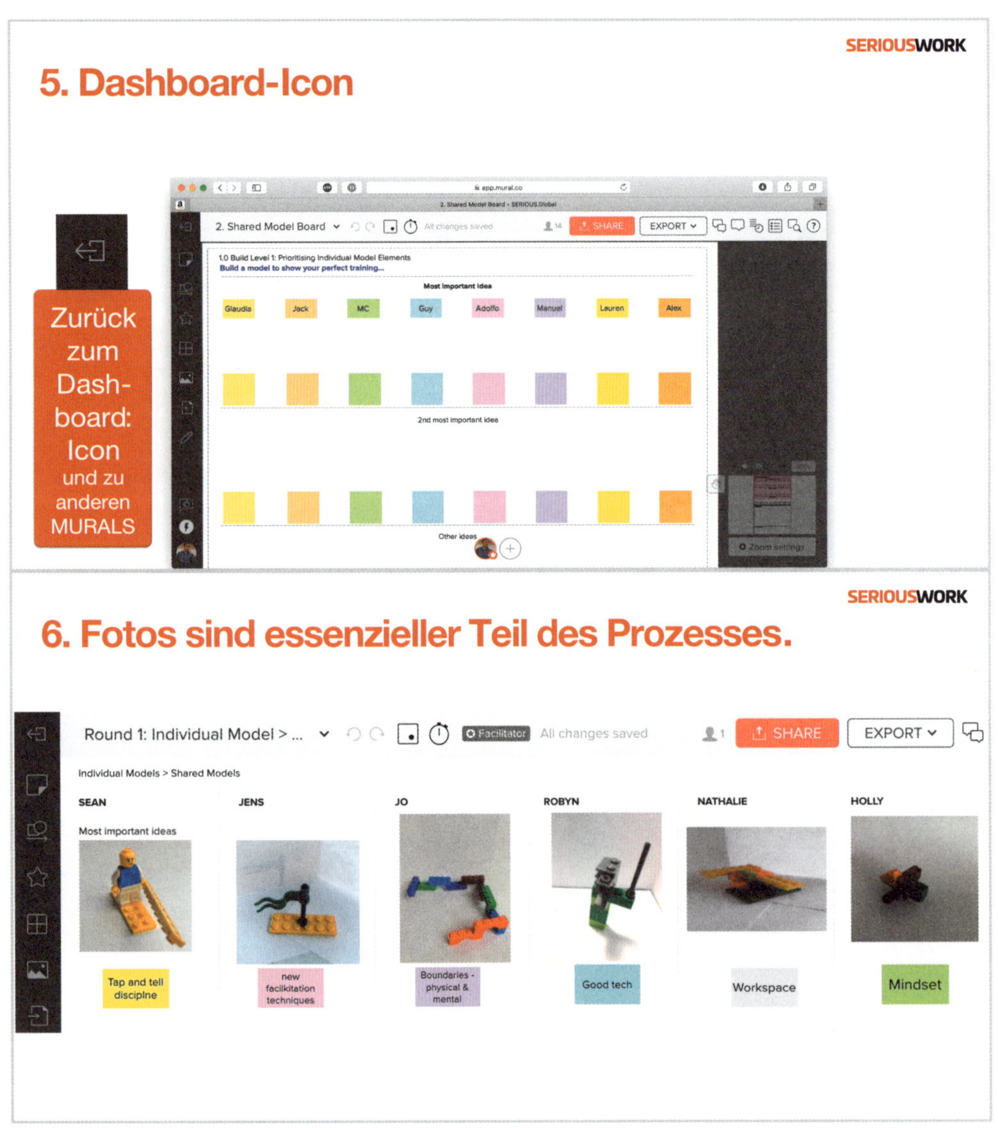

Hier wird demonstriert, wie man zurück ins Dashboard kommt, um in ein anderes MURAL zu gelangen.

Fotos sind für den Prozess unerlässlich. Hier wird deren Bedeutung erklärt.

Fotos sollten vor einem weißen Hintergrund gemacht werden.

Ein weißer Hintergrund lässt sich mit einem einfachen Blatt Papier erzeugen.

Folien & ergänzende Informationen

SERIOUSWORK

9. MURAL – Fotos hinzufügen

Fotos lassen sich auf 4 Arten zu MURAL hinzufügen:

1. **Drag & Drop** (oder Copy/Paste) **vom Computer/Schreibtisch**

   (Fotos vorab vom Smartphone an den Computer senden)

2. Direkt mit der **Mural-App** (derzeit **NUR für Apple iOS**)
3. Fotos per **E-Mail an den Facilitator senden**
4. **Upload per Dropbox/One Drive**

Fotos lassen sich auf vier Arten auf MURAL hochladen.

SERIOUSWORK

10. Upload per Drag & Drop

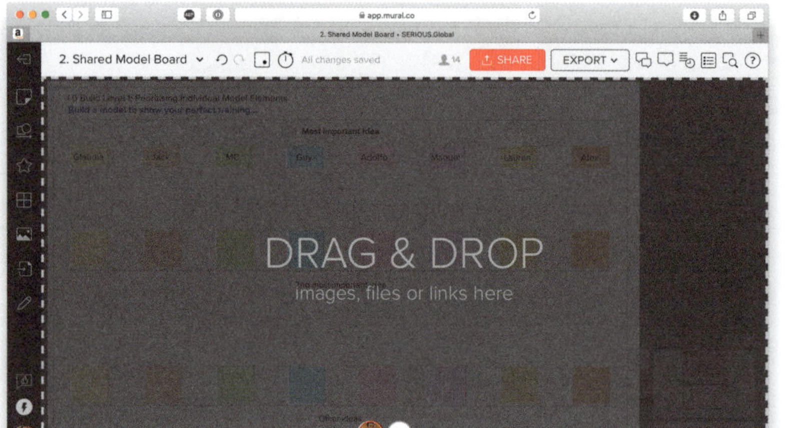

Haben die Teilnehmer Fotos mit ihren Smartphones gemacht, müssen sie die Bilder u. U. erst an sich selbst mailen, bevor sie per Drag & Drop hochgeladen werden können. WhatsApp funktioniert über Copy & Paste. Bilder im HEIC-Format müssen konvertiert werden.

Zum Zeitpunkt der Drucklegung war die MURAL-App nur für iOS verfügbar.

Der Upload über die App erfolgt durch wenige, einfache Schritte.

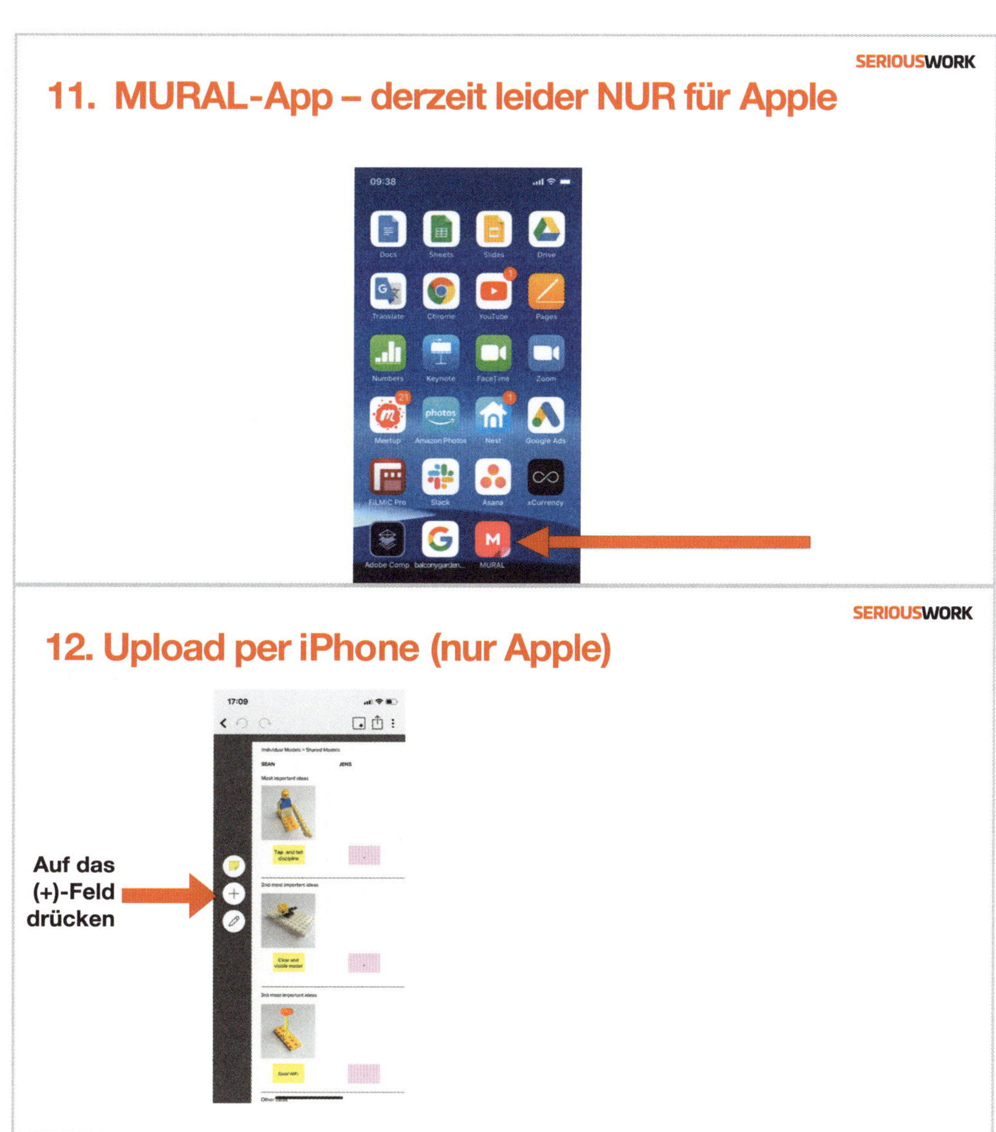

Folien & ergänzende Informationen

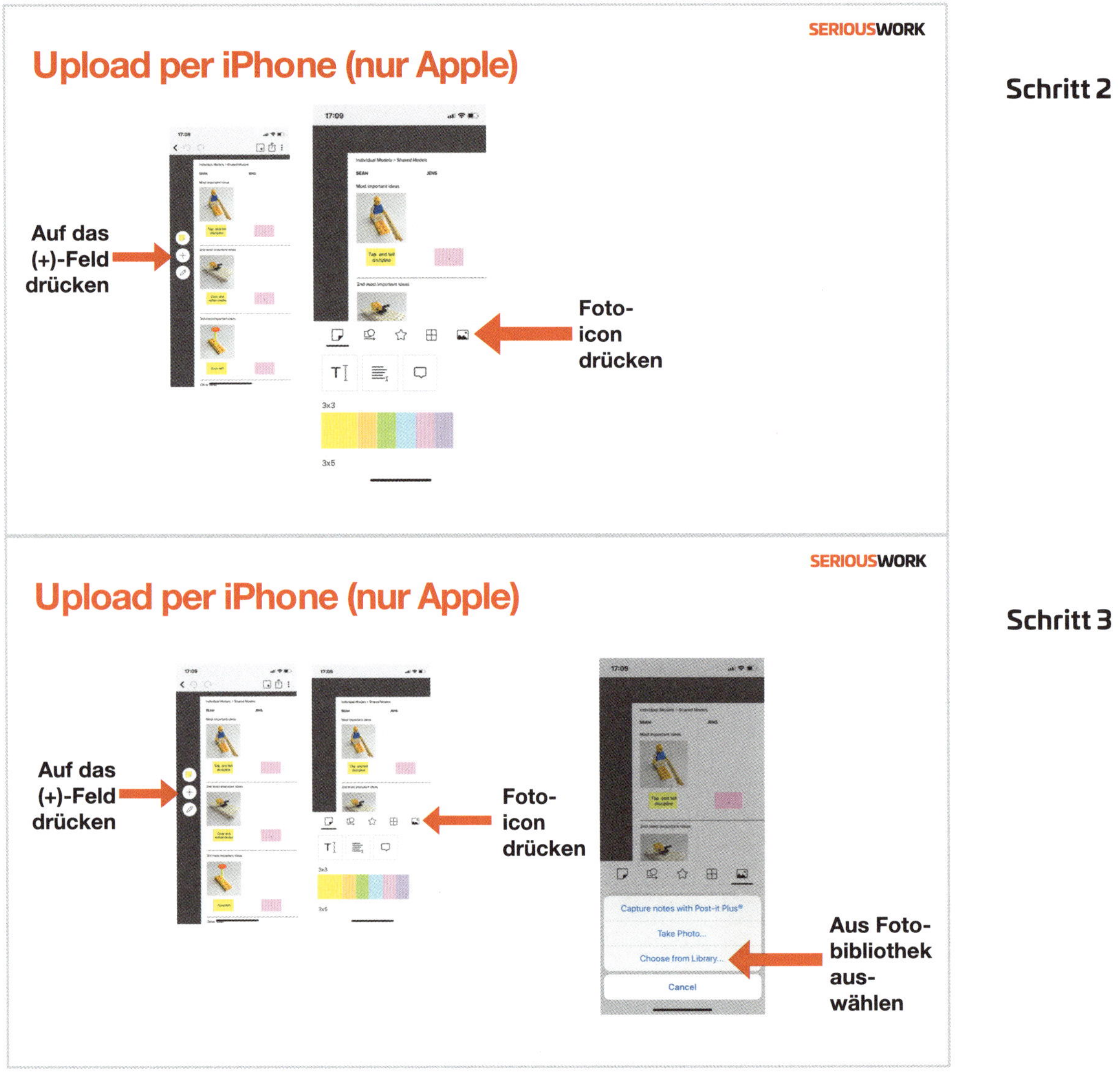

Schritt 2

Schritt 3

Durch dieses Angebot nimmt man den Teilnehmern den Druck, sollte es mit dem Hochladen nicht funktionieren.

SERIOUSWORK

Upload per Facilitator

Bei Problemen bitte die Fotos senden an:
Sean@Serious.Global

Sofern noch Fragen bestehen, werden diese hier beantwortet.

SERIOUSWORK

Fragen?

Kapitel 6

Online-Facilitation der Baustufe 1 – individuelle Modelle

Individuelle Modelle online

Die Online-Moderation der Baustufe 1 – Individuelle Modelle – ist dem „Offline"-Äquivalent sehr ähnlich. Die Herausforderung besteht NICHT in der Facilitation des normalen Prozesses aus Aufgabe > Bauen> Teilen> Reflektieren, sondern im richtigen Set-up der Teilnehmer (vgl. Kapitel 2).

Seit dem Lockdown waren in den sozialen Medien etliche Fotos und Beiträge von online moderierten individuellen Modellen zu sehen. LEGO®-Modelle bringen also tatsächlich Leben und Spaß in die schier unendliche Menge an Online-Meetings. Da es nicht sehr kompliziert ist, individuelle Modelle online zu faszilitieren, folgen hier nur ein paar Hinweise:

1. Die Sichtbarkeit für die Teilnehmer herstellen: Spotlight-Video und Videos anheften

Die Teilnehmer sollten selbst steuern, wie sie ein Modell betrachten wollen. Dennoch ist es ratsam, sie darauf hinzuweisen, ein Video durch Anheften zu vergrößern.

Es besteht auch die Möglichkeit, ein Video per sogenanntem Spotlight für alle Teilnehmer sichtbar zu machen. Das bedeutet, dass alle diesen Teilnehmer sehen. Unsere Empfehlung ist jedoch, den Teilnehmern selbst die Kontrolle und damit die Autonomie über das Meeting zu geben.

2. Die Bedeutung des Zeigestabs: Zeigen & Beschreiben – dem Zeigestab einen Namen geben

Finger können der Sichtbarkeit des Modells im Wege stehen. Daher bitten wir jeden zu Beginn des Workshops, einen Zeigestab zu bauen bzw. einen zu finden und diesem einen Namen zu geben. So wird z. B. ein Brieföffner zu „Berta Breitschwert". Ein anschließendes Gedächtnisspiel hilft, dass sich alle an die Namen erinnern, und verankert gleichzeitig, den Zeigestab zu nutzen statt der Finger.

3. Intervenieren, wenn jemand auf stumm geschaltet ist oder ein Modell nicht sichtbar ist

Es ist unsere legitime Rolle als Facilitator, Teilnehmer darauf hinzuweisen, wenn ihr Modell nicht erkennbar oder die Sichtbarkeit eingeschränkt ist. Dabei müssen wir gleichzeitig Anleitung geben, wie sie die Sichtbarkeit des Modells erhöhen können. Sätze wie „Bitte positioniere Deine Kamera ein wenig höher" oder „Halte bitte Dein Modell in die Kamera" gehören quasi zum Standardrepertoire.

4. Die Standardtechniken anwenden

Die meisten Techniken aus der Präsenzwelt gelten auch online. Die Teilnehmer erzählen die **Geschichte des Modells**, man führt **Recaps** durch, um das Verständnis zu erhöhen, und achtet darauf, dass die **Modelle nach dem Teilen zu sehen** sind.

Kapitel 7

Online-Facilitation der Baustufe 2 – gemeinsame Modelle

Der Bau des gemeinsamen Modells online folgt zwei Schritten:

Schritt 1: zerlegen, hochladen, zusammenfassen, priorisieren und Nachbau der Teile

Schritt 2: Bau des gemeinsamen Modells durch „Magic Hands©“ und optional „Build-along©“

NORTH
WEST
SOUTH
NORTH
WEST
SOUTH

Gemeinsame Modelle online

Gemeinsame Modelle online bauen: Das klingt wie ein Widerspruch in sich. Wie sollen Menschen, die an verschiedenen Orten sitzen, gemeinsam an einem Modell bauen? Die Lösung bietet ein neues zweistufiges Vorgehen, um das zu ermöglichen.

Ob in Präsenz oder online: Mithilfe eines gemeinsamen Modells gelangt eine Gruppe zu einem gemeinsamen Verständnis über ein Thema. Um dieses Ziel online genauso gut wie in Präsenz zu erreichen, haben wir ein neues Vorgehen entwickelt, um mit LEGO® Serious Play® online ein gemeinsames Modell zu facilitieren.

In den vergangenen Monaten haben wir den Bau von gemeinsamen Modellen online perfektioniert. Da die meisten LEGO® Serious Play®-Workshops in Baustufe 1 oder 2 stattfinden, bieten wir mit unserem Vorgehen allen Facilitatoren eine hervorragende Ergänzung zum klassischen Präsenzworkshop.

Die Baustufe 2 funktioniert so gut, dass wir davon überzeugt sind, mit der passenden Vorbereitung und dem richtigen Set-up bald eine Online-Lösung für den Bau eines Systemmodells (Baustufe 3) präsentieren zu können.

Dennoch ist die Facilitation der Baustufe 2 schwerer als die der Baustufe 1, egal ob online oder in Präsenz.

Die Online-Baustufe 2 unterscheidet sich zudem von der Präsenzform. Alle benötigen mehr technische Skills und es braucht mehr Zeit und kleinere Gruppen.

Online-LEGO® Serious Play® der Baustufe 2 erfolgt in zwei Schritten. Diese werden auf den Folgeseiten ausführlich vorgestellt.

Schritt 1: zerlegen, hochladen, zusammenfassen, priorisieren und Nachbau der Teile

Schritt 2: Bau des gemeinsamen Modells durch „Magic Hands©" und optional „Build-along©"

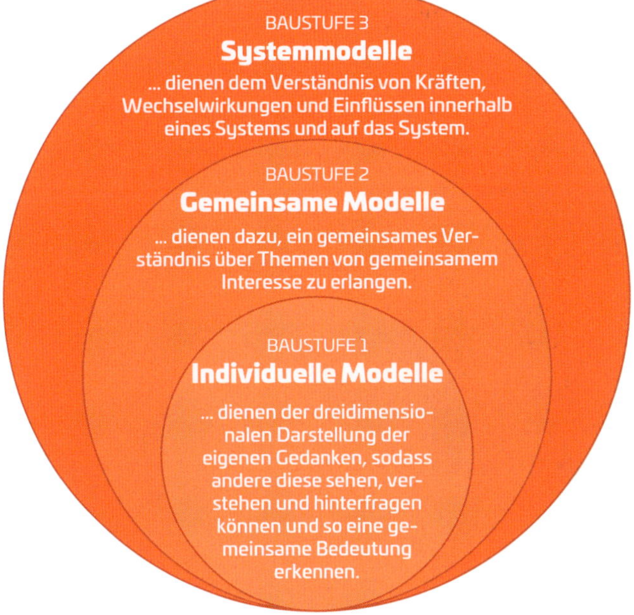

BAUSTUFE 3
Systemmodelle
... dienen dem Verständnis von Kräften, Wechselwirkungen und Einflüssen innerhalb eines Systems und auf das System.

BAUSTUFE 2
Gemeinsame Modelle
... dienen dazu, ein gemeinsames Verständnis über Themen von gemeinsamem Interesse zu erlangen.

BAUSTUFE 1
Individuelle Modelle
... dienen der dreidimensionalen Darstellung der eigenen Gedanken, sodass andere diese sehen, verstehen und hinterfragen können und so eine gemeinsame Bedeutung erkennen.

Unser Drei-Ebenen-Modell vereinfacht vorherrschende komplexe Modelle und verleiht ihnen mehr Sinn. Die meisten Workshops finden in Baustufe 1 und 2 statt – jetzt auch online.

1

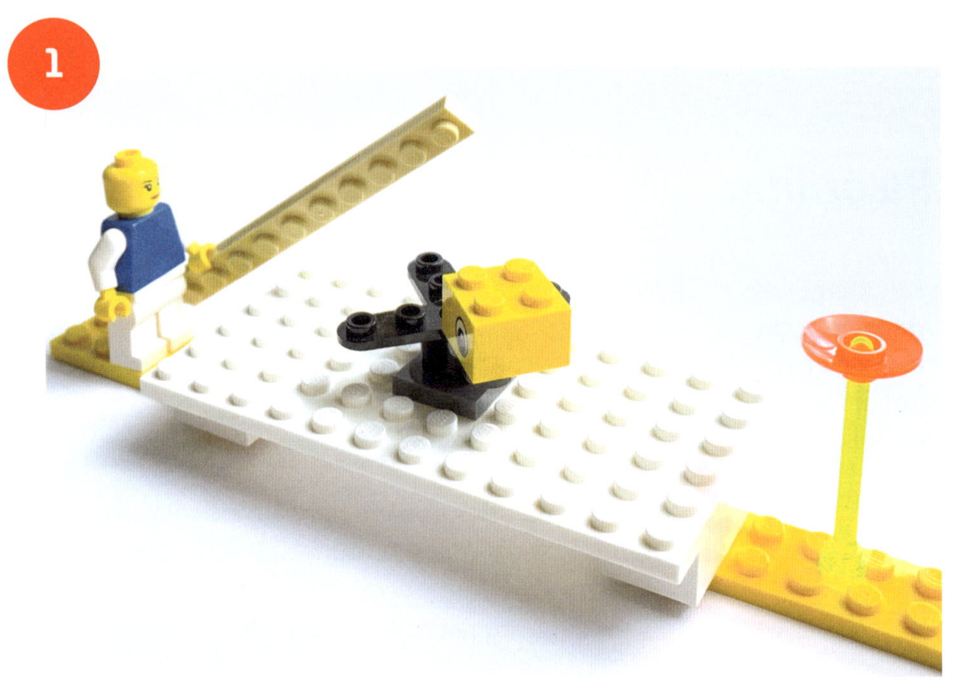

Zeigen und beschreiben

Zweitwesentliche Aussage

Gut sichtbares Modell

2

Drittwesentliche Aussage

5

Stabile Internet-verbindung

Schritt 1: zerlegen, hochladen, zusammenfassen, priorisieren

Dem gemeinsamen Modell geht immer das individuelle Modell voraus. Dies folgt stets dem Kernprozess von Aufgabe > Bauen > Teilen > Reflektieren.

Der erste Schritt des gemeinsamen Modells online lehnt sich an das Vorgehen in Präsenzworkshops an. Allerdings ist die Reihenfolge eine andere mit einem stärkeren Fokus auf den Prozess.

❶ Fotografie des individuellen Modells

Zunächst macht jeder Teilnehmer ein Foto seines individuellen Modells.

❷ Zerlegen der individuellen Modelle in ihre Kernaussagen

Die Teilnehmer zerlegen (= auseinanderbauen) ihre individuellen Modelle in die wesentlichen Bestandteile.

Das Beispielfoto zeigt ein Modell, das drei wesentliche Aussagen enthält: das Einhalten von Zeigen und Beschreiben, Sichtbarkeit der Modelle und gutes WLAN. Diese Gedankengänge werden durch das Zerlegen des Modells in dessen Bestandteile sichtbar.

❸ Fotografieren der wesentlichen Aussagen

Die Kernaussagen werden nun von den Teilnehmern fotografiert. Um die Sichtbarkeit zu erhöhen, erfolgt dies idealerweise vor einem weißen Hintergrund.

❹ Auf MURAL hochladen und priorisieren

Die Teilnehmer laden nun jedes ihrer gemachten Fotos auf ein MURAL-Board hoch und priorisieren diese anhand einer Matrix (für ein Beispiel vgl. Seite 98). Der Facilitator kann inzwischen bereits mit dem Nachbau der hochgeladenen Elemente beginnen.

❺ Zusammenfassen in wenigen Worten

Im nächsten Schritt fassen die Teilnehmer ihre Kernaussagen in drei bis vier Worten zusammen (20 Worte sind keine Zusammenfassung!).

Optional: Duplikate eliminieren

Während eines Recap in MURAL kann man fragen, ob eine Aussage auch in anderen Modellen erkennbar ist. Duplikate lassen sich eliminieren, indem man sich auf ein Modell einigt.

Wesentlichste Aussage

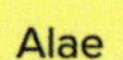

Sicherheit eines geschützten und sicheren Raums

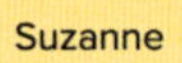

Engagierter Teilnehmer mit Zeigestab

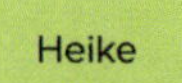

Gutes technisches Set-up, Kamera, Licht, Handy

Alexandra

Empathie, Gespür für Emotionen, Situationen, Energie

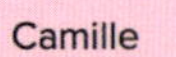

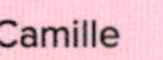

Raum (mental & physisch)

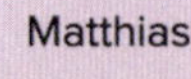

Gutes technisches Equipment / Licht

Zweitwesentliche Aussage

Die Realität: Unsicherheit zu Beginn

Eine Plattform, um die Modelle präsentieren zu können

Einen erfahrenen Facilitator

Technische Skills

Einen Facilitator, der die Führung übernimmt

Einen Facilitator, der weiß, was er tut

Drittwesentliche Aussage

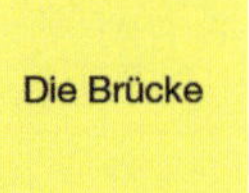

Gutes Licht

Gute Technik

Arbeitsplatz der Teilnehmer (genug zu essen, zu trinken)

Weitere Rahmenbedingungen: Licht, Ton, Ausstattung, Platz

Offenes Mindset, Bereitschaft zum Lernen

Offene Teilnehmer, alle mit den gleichen Steinen

2.0 Fertiges gemeinsames Modell

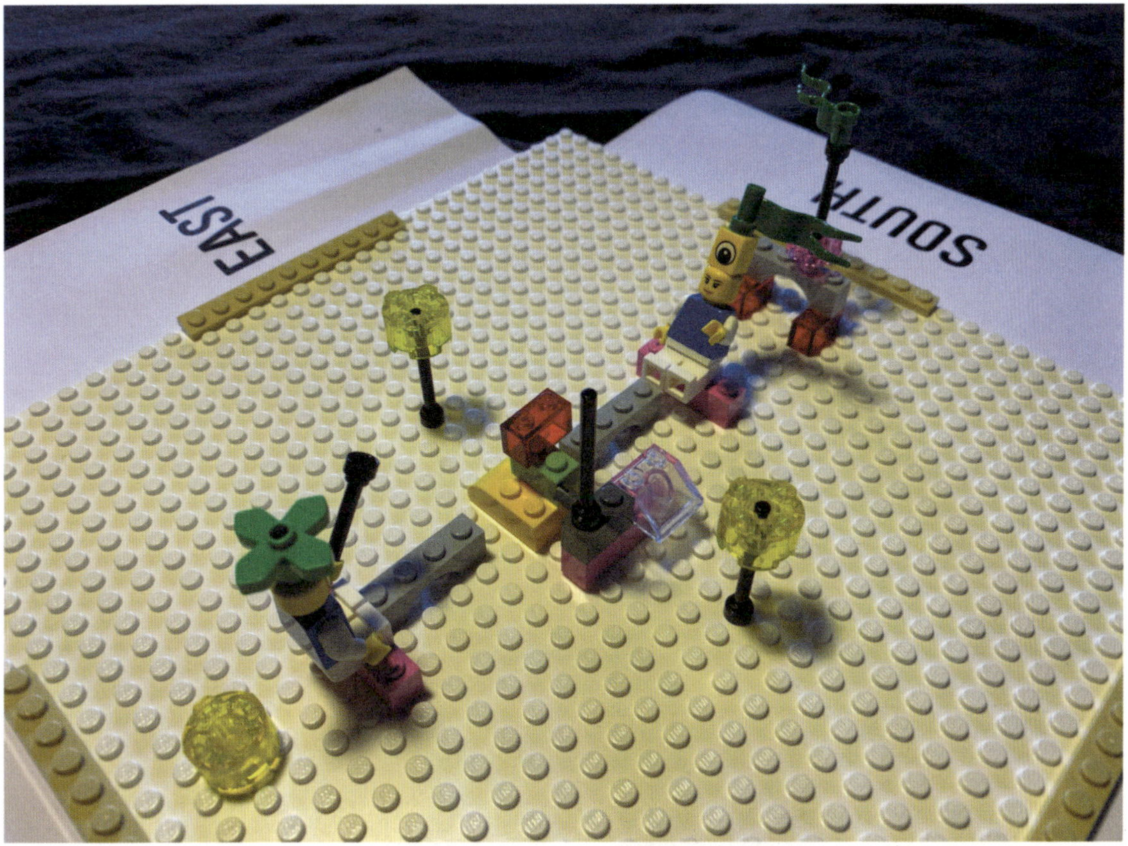

Tech-checks und ein erfahrener Facilitator mit guter und funktionierender Technik

Engagierte, empathische Teilnehmer mit funktionierender Technik

Ein einladender und geschützter Raum

Gute Beleuchtung, stabiles Internet, extra Kamera und PCs

Optionales „Build-along©“ durch die Teilnehmer

Bevor wir auf den zweiten Schritt des gemeinsamen Modells online eingehen, möchten wir zunächst das optionale „Build-along©“ vorstellen. Die Entscheidung, ob alle mitbauen oder nicht, hat maßgeblichen Einfluss auf den weiteren Ablauf.

Kurz zusammengefasst bedeutet „Build-along©“, dass die Teilnehmer das Modell des Facilitators gleichzeitig und synchron mit der Moderation bei sich mitbauen. So entstehen parallele Repliken des Mastermodells. Nebenstehendes Foto z. B. zeigt Andrew (o. l.) mit dem führenden Modell, das von allen anderen bis auf Mia (Mitte) als Beobachterin gleichzeitig mitgebaut wurde.

Die Vorteile von „Build-along©“

„Build-along©“ ist für uns die perfekte Option für Online-LEGO® Serious Play®. Jeder „packt zu“, sodass alle schließlich ein Modell des Ergebnisses vor sich stehen haben – egal wo auf der Welt sie sich befinden. Durch die Repliken können Veränderungen besser kommuniziert werden, was zu noch höherem Engagement und noch höherer Verbindlichkeit führt.

Entscheidet man sich gemeinsam für den „Build-along©“-Ansatz, müssen alle Grundplatten so positioniert werden, dass alle gemeinsamen Modelle von der Kamera erfasst werden. Wenn man in dieser Anweisung unkonkret ist, werden die Teilnehmer ggf. mitbauen, aber eben nicht vor der Kamera.

Die Nachteile von „Build-along©“

„Build-along©“ ist nicht für jeden gleichermaßen gut geeignet. Es gibt Teilnehmer, die durch das Vorgehen aus dem Prozess gerissen werden. Wer zudem mit den Steinen weniger vertraut ist, kann sich abgehängt fühlen und, anstatt die Geschichte für sich reifen zu lassen, in Hektik verfallen, um mit dem Bauen Schritt halten zu können. Diese Teilnehmer sind dann nicht voll dabei und beteiligen sich i.d.R. nicht am Gespräch.[1]

Als Faustregel lässt sich sagen, dass eine LEGO® Serious Play®-erfahrene Gruppe eher Spaß am „Build-along©“-Vorgehen hat und davon profitiert als eine unerfahrene und ggf. ältere Teilnehmergruppe.

„Build-along©“ kann seine Wirkung am besten entfalten, wenn sich die Gruppe auf das Vorgehen einlässt. Alle Modelle gleichzeitig wachsen zu sehen, entspricht außerdem dem LEGO® Serious Play® zugrunde liegenden „Hands-on/Minds-on“-Prinzip und führt zu höherer Gruppendynamik. Zudem verfügen alle über einen Teil des Ergebnisses, egal wo sie sich befinden.

Nach dem MURAL das „Build-along©“ vorstellen

Grundsätzlich müssen nicht alle Teilnehmer mitbauen. Es besteht die Möglichkeit, dass sich nur Einzelne durch „Magic Hands©“ beteiligen. „Build-along©“ erfordert jedoch, dass jeder, der mitbaut, die wesentlichen Teile nachgebaut haben muss.

1. Der Bericht „'Magic Hands©' und 'Build-along©' mit besonderem Kniff“ auf S. 165 zeigt eine interessante Lösung hierfür.

NORTH
From the perspective of a participant or trainee...
Build a shared model to show your perfect training
SOUTH

Alle Teile nachbauen

Beim Bau des gemeinsamen Modells online werden jetzt alle Teile, die sich auf dem MURAL befinden, vom Facilitator nachgebaut.

Teilnehmer, die sich für das „Build-along©"-Vorgehen entschieden haben, bauen jetzt ebenfalls diese Elemente nach.

Das Hochladen der Bilder und Beschriften der Post-its dauert unterschiedlich lange. Daher sollte man diejenigen, die mitbauen werden, bitten, mit dem Nachbau zu beginnen, sobald die ersten Uploads abgeschlossen sind. Alle anderen gehen in die Pause.

Einlegen einer Arbeitspause

In einer 10- bis 20-minütigen Arbeitspause beendet der Facilitator das Nachbauen der wesentlichen Elemente. Das MURAL-Board dient hierbei als Anleitung.

Wer schnell ist, kann sich einen Vorsprung verschaffen, indem er das Nachbauen beginnt, sobald die ersten Elemente in MURAL erscheinen (vgl. Seite 97).

Die Repliken müssen nicht 100 % identisch sein.

Man sollte nicht zu viel Ehrgeiz hineinlegen, um identische Kopien der Elemente zu bauen. Die Teile bilden lediglich den Rohstoff für das gemeinsame

Modell und werden gegebenenfalls selbst nochmals zerlegt.

Optional: Zusammenfassungen schreiben

Wer keinen zweiten Bildschirm hat, sollte sich die Zusammenfassungen in MURAL auf eigene Post-its schreiben.

Auf diesen sollte auch der Name der Teilnehmer VERMERKT sein, da es im Online-Umfeld schwerer ist, sich zu merken, welches Element von wem stammt. Das Foto oben zeigt einen Teilnehmer, der sich für diese Option entschieden hat.

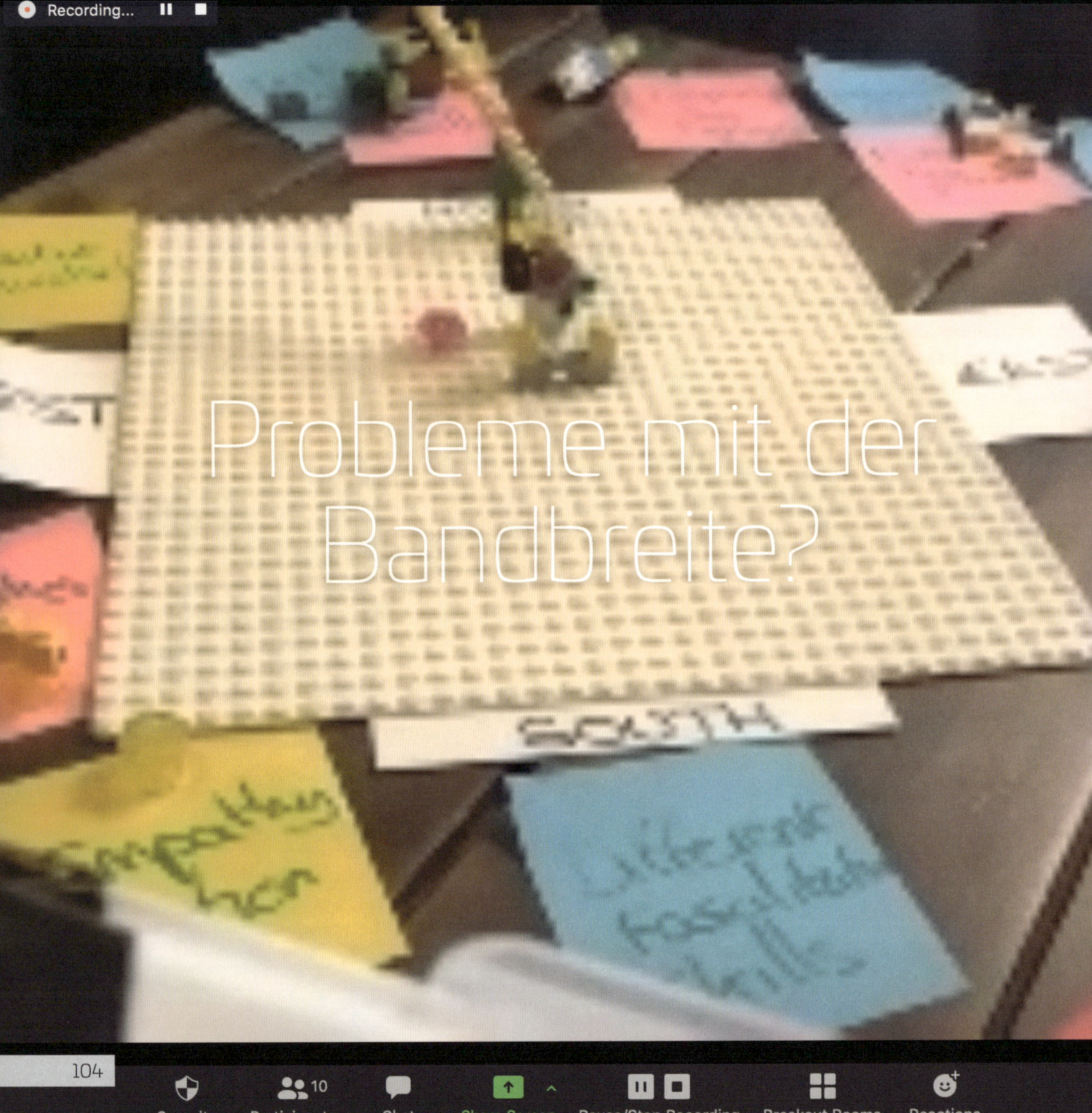
Recording...
Probleme mit der Bandbreite?
SOUTH
Security
Participants 10
Chat
Share Screen
Pause/Stop Recording
Breakout Rooms
Reactions

Die Kameraauflösung erhöhen

Kurz bevor die Gruppe wieder zusammenkommt, um das gemeinsame Modell zu bauen, ist es an der Zeit, weitere Kameras bei Zoom anzumelden. Hierbei gibt es mehr zu beachten, als zunächst angenommen.

Dem Meeting beitreten – aber ohne Ton!

Man kann dem laufenden Meeting mit einem Smartphone oder Tablet beitreten, um weitere Kameras einzubringen. Das erscheinende Pop-up sollte man mit „Abbrechen" quittieren, damit sich das Gerät nicht mit dem Audiosignal verbindet. Ansonsten entsteht eine furchtbare Rückkopplung.

Ausrichtung und Höhe der Kamera

Kameras im Hochformat führen dazu, das die Sicht auf das gemeinsame Modell eingeschränkt wird. Das Querformat ist besser geeignet. Der Winkel auf dem Foto oben z. B. ist gut gewählt, die Kamera könnte aber niedriger sein. Und: Die Linse putzen!

Die Ansicht überprüfen

Das Beispiel oben zeigt einen offensichtlichen Fehler.

Bandbreite!

Die Bandbreite auf dem Foto links ist so schlecht, dass man das Modell fast nicht erkennen kann. Schnelles Internet ist zwingend und man sollte alle anderen Anwendungen schließen.

Idealerweise hat man 2-3 Kameras, alle im Querformat. Der Süden ist zum Bauenden hin ausgerichtet.

Superfast wifi
Prioritise preparation process
Camera and connection for high resolution
Follow the detailed steps
2nd most important idea
achievement
Great lighting
Tech test in advance
Keep the energy up (ESP mid shared model build)
1. FRAME tasks and 2. Be directive
3nd most important idea
NORTH
SOUTH
EAST
LG

Schritt 2: Facilitation von „Magic Hands©“ & „Build-along©“

Im zweiten Schritt des Online-LEGO® Serious Play®-Prozesses erfolgt der Bau des gemeinsamen Modells. Das ist dem Präsenzvorgehen nicht so unähnlich, wie es zunächst scheint.

In der „echten“ Welt werden die Teilnehmer dazu aufgefordert, aus den vorhandenen Elementen ein gemeinsames Modell zu bauen. Wir erleben oft, dass Einzelne nur davon sprechen, etwas umsetzen zu wollen, während andere als verlängerte Arme fungieren und die Änderungen durchführen.

Diese beiden Techniken, die wir „Magic Hands©“ und „Build-along©“ nennen, bilden die spezifischen Grundlagen von Online-LEGO® Serious Play®.

„Magic Hands©“: Der Facilitator baut das führende Modell.

Betrachtet man das nebenstehende Foto, so sieht man auf dem Bildschirm den Facilitator (Camille), die das gemeinsame Modell für ihre Teilnehmer baut. Sie agiert als „Magic Hands©“ (als Zauberhand) und baut das, was die Teilnehmer ihr auftragen.

„Build-along©“: Die Teilnehmer bauen eine Kopie des Modells und spielen an ihm Änderungen durch.

Das Foto zeigt ein weiteres, fast identisches Modell , das der Kopie des Facilitators entspricht. Der Teilnehmer hat die gleiche Grundplatte und die gleiche Auswahl an Steinen zur Verfügung. Das MURAL mit Bildern ist auf einem zweiten Monitor zu erkennen.

Dieses Vorgehen hat zum Ergebnis, dass jeder Teilnehmer eine Kopie des gemeinsamen Modells vor sich stehen hat. Dieser 3D-Prozess folgt der „Hands on/Minds on“-Philosophie von LEGO® Serious Play®. Dabei kann Online-LEGO® Serious Play® sogar noch mehr „Hands-on“ sein als im Präsenzworkshop.

Optional: nur „Magic Hands©“

„Build-along©“ setzt voraus, dass jeder Teilnehmer die gleiche Auswahl an Steinen besitzt. Wir senden daher jedem eine 32x32-Grundplatte und sechs bis acht Windows-Kits zu. Ist dies nicht möglich, lässt sich das Modell auch erstellen, in dem man einfach nur „Magic Hands©“ anwendet. Die Gruppe führt dann die Hände des Facilitators nach deren Anweisungen.

Der Vorteil dieses Vorgehens liegt darin, dass es weniger logistischen Aufwands bedarf, es schneller geht (nur der Facilitator muss nachbauen) und weniger anspruchsvoll für die Teilnehmer ist. Der Nachteil ist, dass es weniger „Hands-on“ ist. Daher empfiehlt es sich, den Teilnehmern die Wahl zu lassen: Diejenigen, die über das Material verfügen und mitbauen möchten, können das machen. Diejenigen, die lieber zuschauen und nur die Hände moderieren wollen, beteiligen sich auf diese Weise am Prozess.

Neutrale Fragen nutzen, um Elemente zu platzieren

Schritt 2: Grundsätze und Ablauf

Im Folgenden werden die Grundprinzipien und Prozessschritte dieser Phase des Baus eines gemeinsamen Modells vorgestellt.

In diesem 2. Schritt eines gemeinsamen Modells online orientieren wir uns an vier Grundsätzen:

1. Der Facilitator nutzt eine „neutrale" Sprache und ist unvoreingenommen.
2. Die Teilnehmer steuern die Hände des Facilitators („Magic Hands©").
3. Das Modell bestimmt und lenkt das Gespräch.
4. Nur eine Unterhaltung gleichzeitig.

Grundsatz 1: Der Facilitator nutzt eine „neutrale" Sprache und ist unvoreingenommen.

Der Facilitator ist um eine möglichst neutrale Ausdrucksweise bemüht und lässt seine eigenen Interpretationen, Ansichten und Meinungen außen vor. Man befindet sich ausschließlich in der Funktion einer verlängerten Hand der Teilnehmer und führt aus, was diese sagen. Man kann die Teilnehmer unterstützen, indem man Fragen wie die auf der linken Seite stellt:

„Fred, lass mich ein Element für Dich wählen. Wo darf ich das für Dich auf der Platte platzieren?"

Grundsatz 2: Die Teilnehmer steuern die Hände des Facilitators („Magic Hands©").

Die (schwierigste) Aufgabe des Facilitators besteht darin, die Teilnehmer dazu zu bringen, die Teile durch ihn hinzuzufügen, zu verändern oder zu bewegen.

Das ist ein weiterer Grund dafür, neutrale Fragen zu stellen. Sie fordern die Teilnehmer zu Taten auf und lenken das Gespräch auf die Steine. Dieses kann man in Gang bringen, in dem man jeden Teilnehmer der Reihe nach fragt, wo dieser seine wesentlichste Aussage vom MURAL-Board auf der Platte platzieren möchte.

Grundsatz 3: Das Modell bestimmt und lenkt das Gespräch.

Gespräche finden nur über Inhalte des Modells statt, Änderungen werden direkt umgesetzt. Bei Diskussionen ohne Taten besteht die Gefahr, dass die Energie nachlässt und die Gruppe den Fokus verliert.

Dieses Prinzip kann online durch „Build-along©" untermauert werden. Die Teilnehmer teilen Bilder der entstehenden Versionen des gemeinsamen Modells, um Änderungen vorzuschlagen.

Grundsatz 4: Nur eine Unterhaltung gleichzeitig

Ein Prinzip, das sich online einfacher umsetzen lässt als „real". Online wird eher der Reihe nach gesprochen, in Präsenz fällt man sich eher ins Wort.

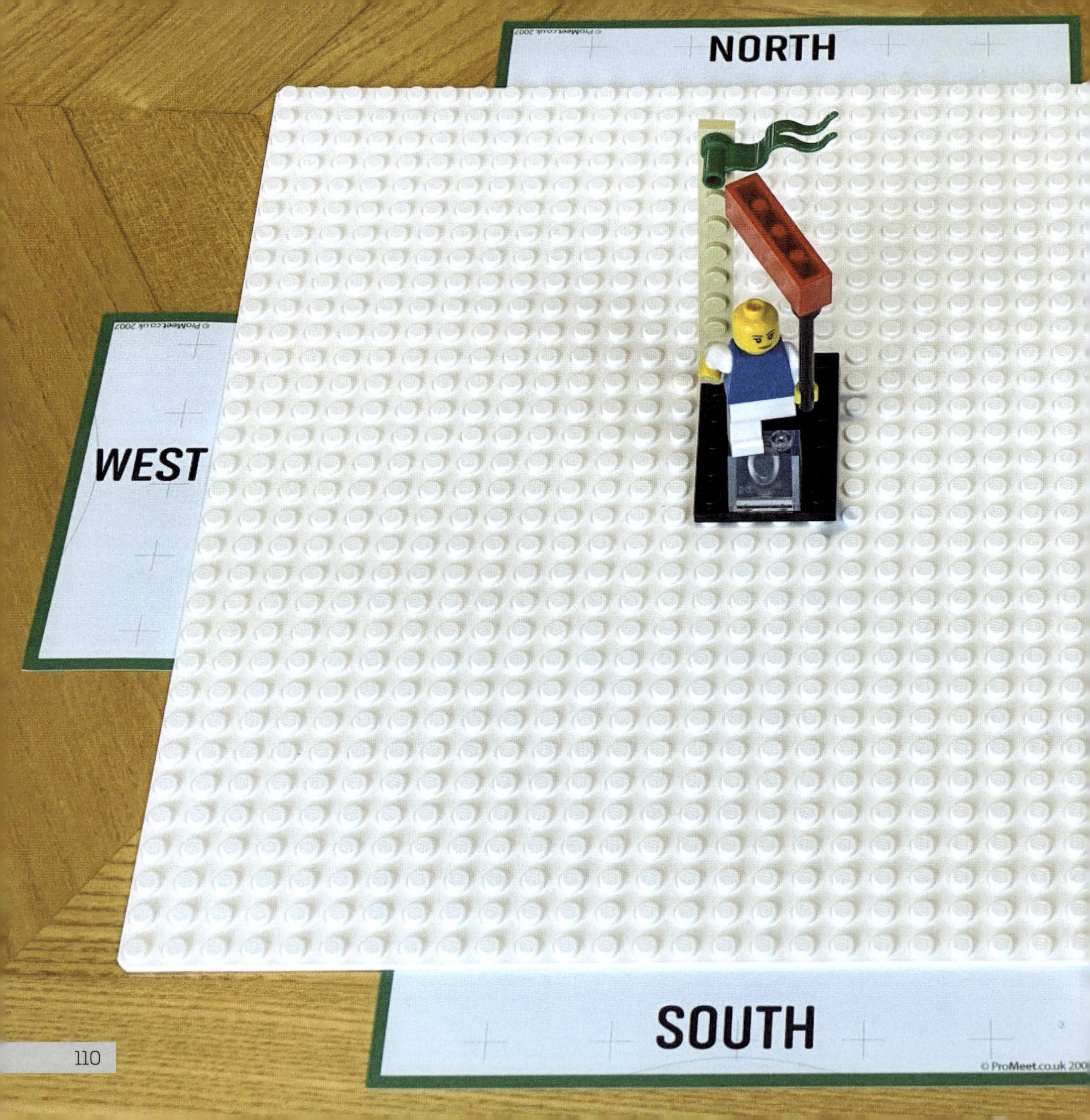

NORTH

WEST

SOUTH

© ProMeet.co.uk 2007

Schritt 2: Prozessschritte

Sind die Teilnehmer aus der Pause zurückgekehrt, wird das gemeinsame Modell „Magic Hands©" gebaut. Der Prozess ist wie folgt aufgebaut:

1. Willkommen heißen

Kurze Begrüßung nach der Pause und Einführung

2. Optional: Teilnehmern anbieten, über „Build-along©" das führende Modell parallel mitzubauen

Hierbei ist es wichtig, die Teilnehmer zu instruieren, NICHT vorauszubauen. Die Repliken dienen der Visualisierung und Kommunikation von Änderungen. Baut jemand vor, dann kann dies dazu führen, dass dieses Modell für das führende gehalten wird.

3. „Magic Hands©" verwenden und neutrale Fragen stellen:

„Fred, lass mich ein Element für Dich wählen. Wo darf ich das für Dich auf der Platte platzieren?"

4. Haben zwei Teilnehmer Aussagen hinzugefügt, Geschichte von Drittem zusammenfassen lassen.

Wiederholung und Rekapitulation sind online noch wichtiger als in Präsenz. Faustregel: früh und oft!

5. Kernaussagen der Reihe nach hinzufügen lassen

Dazu dienen die Beispielfragen auf Seite 108.

6. Im Anschluss lässt man die ganze Geschichte von einer Person erzählen. Beim Erzählen nutzt man seinen Zeigestab, um dem Modell zu folgen.

Dabei leiten die Teilnehmer den Zeigestab des Facilitators als Bestandteil ihrer Erzählung.

7. Fragen, was hinzugefügt werden sollte, und neue Elemente anbieten

„Janine, lass mich ein Element für Dich wählen. Wo darf ich das für Dich auf der Platte platzieren?"

8. Die gesamte Geschichte von einem Teilnehmer erzählen lassen

Nach 10 bis 15 Minuten Bauzeit wählt man einen Teilnehmer aus, die Geschichte als Ganzes zu erzählen.

9. Fragen und Vorbehalte abfragen

Wir vermitteln unseren Trainees, dass es hierbei NICHT darum geht, Zustimmung zu erfassen, sondern Vorbehalte zu erkennen.

Das Ziel ist, dass die Teilnehmer offen ihre Befindlichkeiten teilen, um so das Modell anzupassen und zu verbessern.

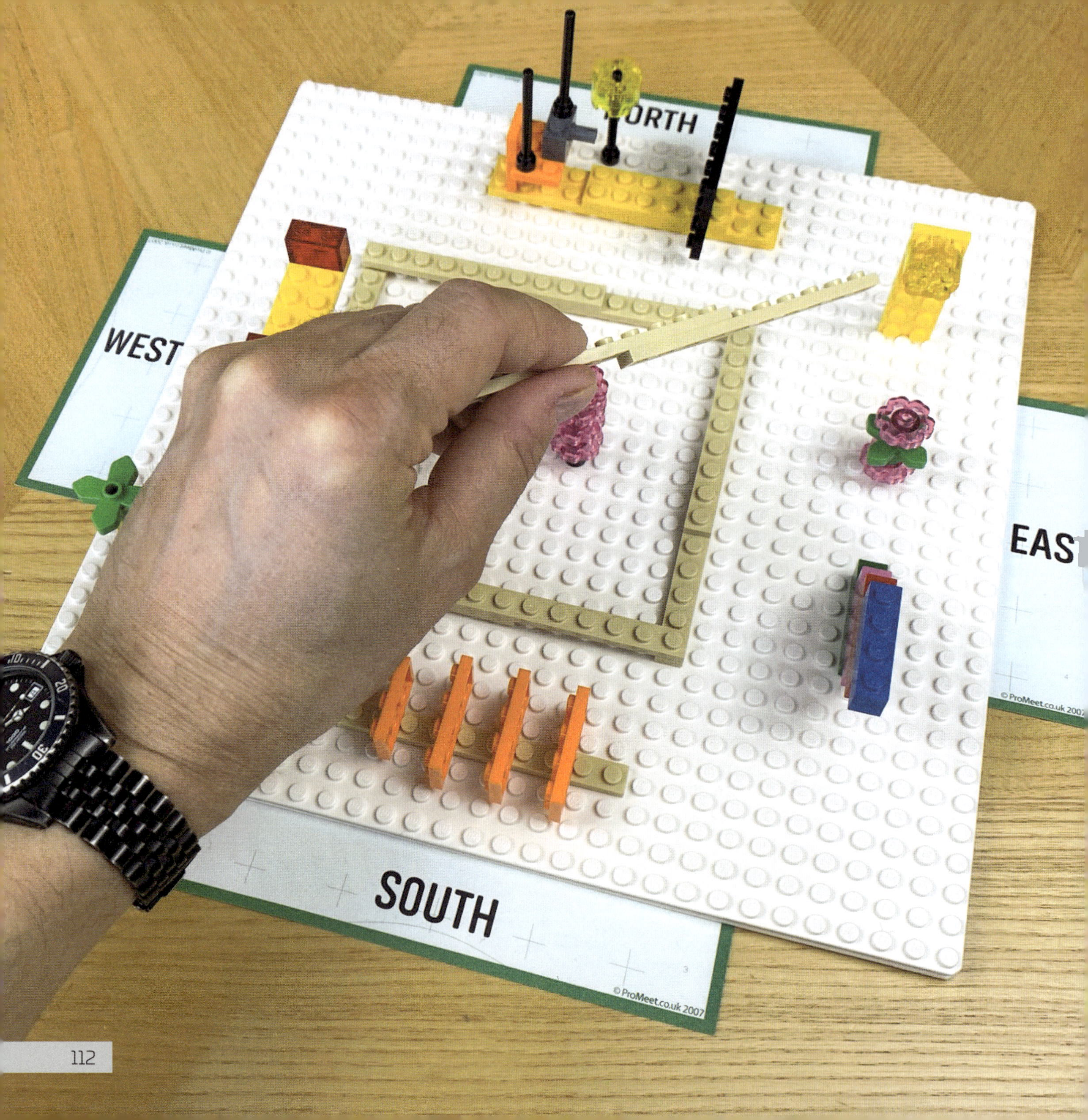
NORTH
WEST
EAST
SOUTH
© ProMeet.co.uk 2007
© ProMeet.co.uk 2007

10. Jeden KURZ seine Vorbehalte ausdrücken lassen (verbal oder schriftlich)

Nun hört man sich ALLE Vorbehalte KURZ an, bevor man Änderungen am Modell vornimmt. Dazu muss man gegebenfalls etwas direkter Hilfestellung geben, denn diese Abstimmung kann länger dauern und energie- zehrend sein. Daher sollte jeder, der einen Vorbehalt hat, diesen auch nur mit wenigen Worten ausdrücken.

11. Vorbehalte mitschreiben, um diese gruppieren und alle ansprechen zu können

Es empfiehlt sich, als Facilitator alle Vorbehalte in Stichpunkten mitzuschreiben. Werden Vorbehalte mehrfach genannt, dann sollte man sich zunächst mit diesen Befindlichkeiten befassen.

12. Modifikation des Modells durch neutrale Fragen an die Teilnehmer

Man bittet jetzt einen Teilnehmer, das Modell mithilfe der „Magic Hands©" so anzupassen, dass es dessen Vorbehalt oder Frage adressiert: „Was muss geschehen, um von einer Acht auf die Zehn zu kommen? Zeigen Sie mir im Modell, was es besser macht!"

13. Zeigen lassen

Teilnehmer, die „Build-along©" mitbauen, können ihr Modell in die Kamera halten. Man muss also darauf vorbereitet sein, eine andere Ansicht anzupinnen.

14. Die Geschichte erzählen lassen

Nimmt das Modell eine gute Form an, bittet man nun den Teilnehmer, der am klarsten spricht, die Geschichte des Modells zu erzählen.

15. Abfrage der Zustimmung mit der „Fist of Five"

Mit der Methode fordert man die Teilnehmer auf, fünf Finger in die Kamera zu halten, wenn sie der Geschichte voll zustimmen und nur vier, drei, zwei oder ein Finger bei entsprechend geringerer Zustimmung.

16. Anpassungen vornehmen, falls notwendig

Hier stellt man erneut die Frage, was verändert werden muss, um z. B. von vier auf fünf Finger zu kommen.

17. Zustimmung (oder Ablehnung) erfassen

Nun hört man sich eine weitere Version der Geschichte an und fragt den Grad der Zustimmung erneut ab.

18. In die verdiente Pause gehen, das Modell fotografieren und auf MURAL hochladen (vgl. Seite 98)

Das fertige Modell wird vom Facilitator im Gesamten und im Detail fotografiert und auf MURAL hochgeladen.

19. Abgestimmtes Modell weiter verbessern

Im Buch „LEGO® Serious Play®-Methode spielend meistern" wird diese Technik genauer vorgestellt. Sie lässt sich auch online sehr gut einsetzen.

20. Reflexion durchführen

Am Ende steht eine gemeinsame Auswertung über das Gesehene, Gelernte und Erlebte im Prozess des gemeinsamen Bauens.

1.0. Baustufe 1 - Individuelles Modell: Priorisierung der wesentlichen Aussagen

Wesentlichste Aussage

Ala	Suzanne	Heike 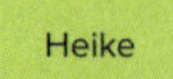	Alexandra	Camille	Matthias

Wissbegieriger Teilnehmer	Klare Ergebnisse	Interessierte Teilnehmer, die Spass haben	Horizont-erweiterung, raus aus der Komfortzone, persönliches Wachstum	Persönliches Wachstum und Austausch mit anderen	Horizont-erweiterung, raus aus der Komfortzone, persönliches Wachstum

Zweitwesentliche Aussage

Ala	Suzanne	Heike	Alexandra	Camille	Matthias
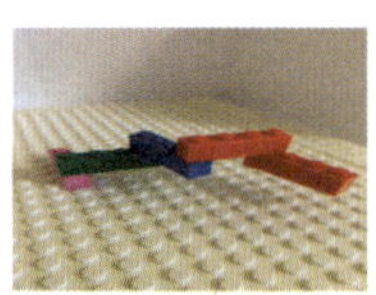					
Werkzeuge und Mittel, um navigieren zu können	Motivierender und spielerischer SPASS	Facilitator mit technischen und soften Skills	Klarheit, Fokus, ein Schritt näher am eigenen Entwicklungs-ziel	Auf den Ergebnissen aufbauen (persönlich/ beruflich)	Themenvielfalt und -präsentation

Drittwesentliche Aussage

Ala	Suzanne	Heike	Alexandra	Camille	Matthias
	Kreativ; Erkenntnis durch die Möglichkeit, Fragen stellen zu dürfen  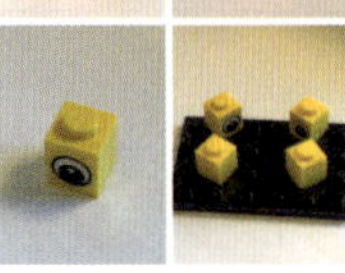 				
Weg zu weiterem Wachstum	Learning by doing und Experimen-tieren; Teil eines Teams	Gute technische Ausstattung und Atmosphäre	Motivierter Facilitator, der sein Wissen teilt	Motivation, nach der Ausbildung weiterzu-machen und weiterzuwachsen	Den Hut der Weisheit zu erlangen

Schritt 1: zerlegen, hochladen, zusammenfassen, priorisieren

Die Zusammenfassung auf den folgenden Seiten soll Facilitatoren, die neu in der Online-Materie sind, als Gedächtnisstütze bzw. als „Spickzettel" dienen, den sie stets griffbereit haben können.

Im Anschluss an das individuelle Modell:

1. **Vorstellung** eines zweistufigen Vorgehens: Schritt 1: zerlegen, fotografieren, hochladen, zusammenfassen & priorisieren; Schritt 2: Bau des gemeinsamen Modells durch „Magic Hands©" und optional „Build-along©".

2. Alle Teilnehmer machen ein **Foto ihres individuellen Modells** (bevor es auseinandergebaut wird).

3. Die Teilnehmer **zerlegen** nun ihr Modell in die wesentlichsten Aussagen und

4. **fotografieren** diese Elemente (vor einem weißen Hintergrund).

5. Diese **laden** sie auf MURAL **hoch** und führen eine Priorisierung durch. TIPP: Der Facilitator sollte während des Hochladens mit Nachbauen *beginnen.*

6. Die Teilnehmer **fassen** nun jedes Element in drei bis vier Worten **zusammen.**

7. Jetzt werden die Teilnehmer eingeladen, **Fragen** zum Prozess zu stellen.

Mit dem Nachbauen wird begonnen, sobald die Teilnehmer ihre Fotos hochladen und zusammenfassen. **Sobald das MURAL vollständig ist: Recap!**

Dieses kann man am besten als Memoryspiel einleiten und bittet dann jeden, kurz wiederzugeben, was das Element bedeutet (entsprechend dem MURAL).

Nachbau der Kernaussagen

Der Facilitator baut an dieser Stelle die Kernaussagen nach. Entscheiden sich Teilnehmer für „Build-along©", so bauen auch diese jetzt die Teile nach.

1. Nun schickt man die Teilnehmer in eine **Arbeitspause** (in der der Facililitator arbeitet). Nicht vergessen, eine feste Rückkehrzeit zu verabreden! Die Pausenzeit beträgt je nach Gruppengröße und Erfahrung 15 bis 30 Minuten.

2. Der Facilitator **baut** alle Teile vom MURAL-Board **nach**.

3. HINWEIS: Die Teile müssen **nicht absolut identisch sein**.

4. Verfügt man nicht über einen zweiten Monitor, sollte man für sich die Zusammenfassungen **auf Karten schreiben**. Um die Übersicht zu behalten, sollte man auf diesen auch die **Namen der Teilnehmer vermerken**.

5. Die Karten und Teile **arrangiert man, der Farblogik des MURALS folgend, um die Grundplatte oder auf einer Ablage**.

6. Optional kann man die Elemente auch **platzieren**, indem man die wesentlichsten Aussagen näher an der Grundplatte positioniert.

Schritt 2: Bau durch „Magic Hands©“ & „Build-along©“

Sind die Teilnehmer aus der Pause zurückgekehrt, beginnt der 2. Schritt:

1. **Begrüßung** nach der Pause

2. Wer möchte, darf jetzt als **Teilnehmer** durch **„Build-along©“** das führende Modell des Facilitators synchron **mitbauen**.

3. Beginn des Baus durch „Magic Hands©“ und **neutrale Fragen**:

   *„Fred, lass mich **ein Element für Dich wählen**.“*

   *„**Wo** darf ich das für Dich auf der Platte platzieren? **Im Norden? Im Süden?**“*

4. Sobald **zwei** Teilnehmer ihre Ideen platziert haben, lässt man die bis dahin gebaute **Geschichte von einem weiteren Teilnehmer rekapitulieren**.

5. Jetzt bittet man die Teilnehmer **der Reihe nach, weitere Ideen** hinzuzufügen.

6. Hat jeder etwas hinzugefügt, lässt man **die gesamte Geschichte von einem Teilnehmer erzählen**. Dabei folgt man der Geschichte mit dem Zeigestab.

7. **Soll etwas hinzugefügt oder geändert werden**, fragt man das jetzt ab.

8. Im Anschluss daran lässt man die **gesamte Geschichte erneut erzählen**.

9. Mit der „Fist of Five“-Methode **fragt man Vorbehalte ab**.

10. Diese lässt man sich **KURZ** in wenigen Worten **zusammenfassen**.

11. **Diese notiert man sich**, sodass man sie gruppieren und ansprechen kann.

Schritt 2: Bau durch „Magic Hands©“ & „Build-along©“

12. Nun fordert man die Teilnehmer auf, das **Modell** entsprechend **anzupassen**.

13. Teilnehmer, die durch „Build-along©“ mitbauen, bittet man, ihre Replik in die Kamera zu halten und Vorschläge zu **zeigen**. Hier muss man darauf vorbereitet sein, die Ansicht des Video-Feed anzupassen.

14. Nimmt das Modell eine endgültige Form an, **nominiert man eine weitere Person, die gesamte Geschichte des Modells zu erzählen**.

15. Über eine weitere **Fingerabfrage erfasst man den Grad der Zustimmung**.

16. Sofern nötig, weitere Anpassungen vornehmen: **„Fred, was muss verändert werden, um aus Deiner Vier eine Fünf zu machen?“**

17. Besteht Zustimmung?

18. Teilnehmer in die Pause schicken, Modell fotografieren und auf MURAL hochladen (siehe rechts).

19. Nachträgliche Anpassungen?

20. Reflexion durchführen

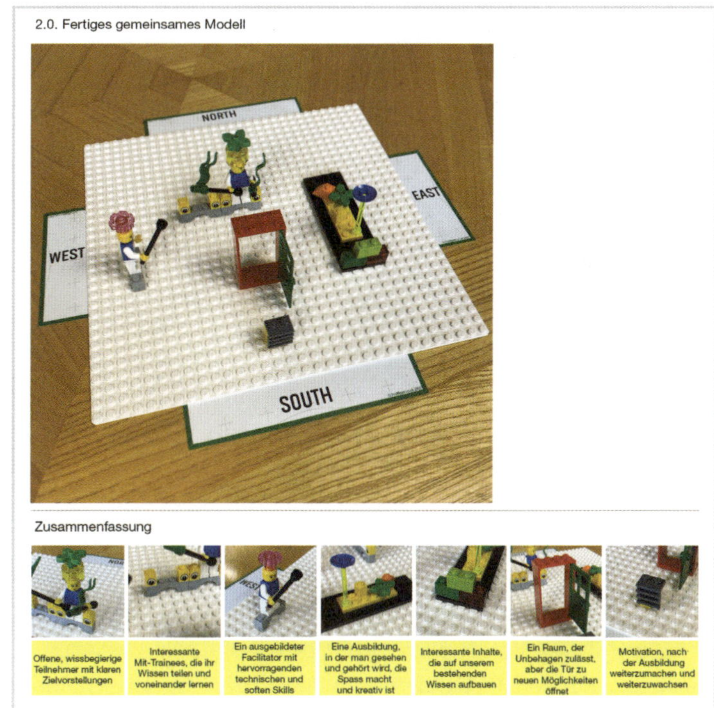

Extra Bricks   All changes saved

Zusätzliche Steine für das gemeinsame Modell

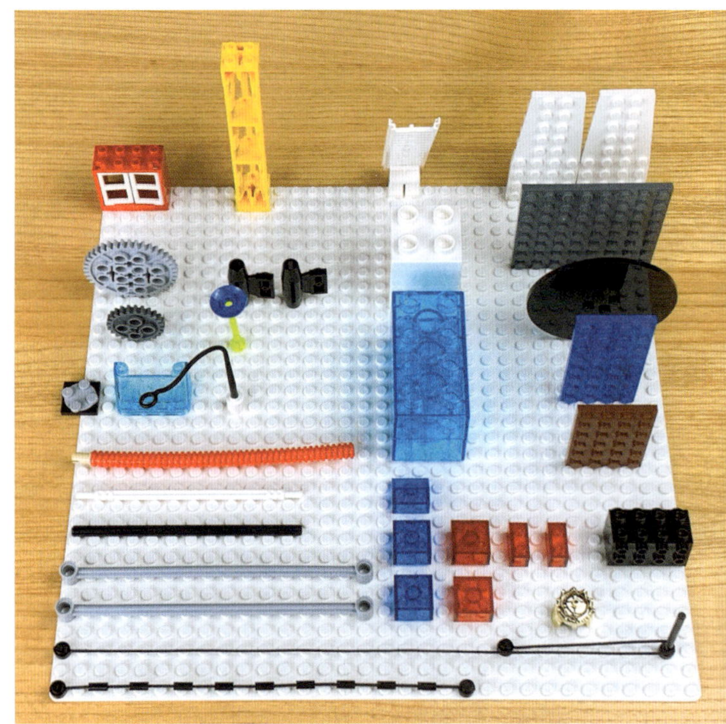

Zusätzliche Steine

Bemerkenswert ist, wie man mit sehr einfachen Steinen bei Online-LEGO® Serious Play® so viel Tiefgang erreichen kann. Wir setzen dafür ausschließlich das Windows-Exploration-Kit ein.

Hat man als Facilitator oder als Team jedoch das Gefühl, man würde gerne die Auswahl erhöhen, besteht dazu die Möglichkeit.

Das Angebot zusätzlicher Steine funktioniert allerdings am besten ausschließlich mit „Magic Hands©".

Auswahl zusätzlicher Steine

Auf der linken Seite ist eine Auswahl an zusätzlichen Steinen abgebildet. Diese sind entsprechend ihrer Beliebtheit und aufgrund von Erfahrungswerten zusammengestellt. So befinden sich darunter z. B. ein Hai, eine Krone, Geld, Fenster, Türen, Säulen.

Diese zusätzliche Auswahl befindet sich während des „Magic Hands©"-Vorgehens auf einer extra Platte in Griffweite des Facilitators (vgl. 6 auf Seite 52 bis 53).

Gleichzeitig befindet sich ein Foto dieser Auswahl auf einem extra MURAL-Board. Alternativ kann man das Foto auch dem aktiven MURAL hinzufügen.

Einführung der zusätzlichen Steine

Die zusätzlichen Steine lassen sich ieal auf zwei Arten einführen:

Option 1 – Jemand verlangt einen extra Stein.

Es kann vorkommen, dass man mitten im Bau des gemeinsamen Modells ist und jemand anmerkt, ein Verbinder wäre jetzt ideal, um die Aussage perfekt zu machen.

An dieser Stelle kann man die zusätzlichen Steine vorstellen: *„Es gibt ein extra MURAL hierfür. Die zusätzlichen Steine dort können genutzt werden, um das Modell zu modifizieren. Welchen Stein darf ich für Dich wählen?"*

Option 2 – Der Facilitator stellt die Steine vor.

Unabhängig davon kann man die zusätzlichen Steine entweder gleich zu Beginn des 2. Schritts vorstellen oder aber nach der ersten Runde, wenn alle ein Element platziert haben.

Laufen lernen

Wir empfehlen grundsätzlich, sich zunächst gut mit dem Online-Bau eines gemeinsamen Modells vertraut zu machen, bevor man extra Steine ins Spiel bringt. Es gibt sehr viel zu beachten. Zusätzlich noch extra Steine einzuführen, kann leicht zu Überforderung führen. Nach ca. zehn online facilitierten gemeinsamen Modellen wird man so viel Routine haben, um den Kopf für Extras wie zusätzliche Steine frei zu haben.

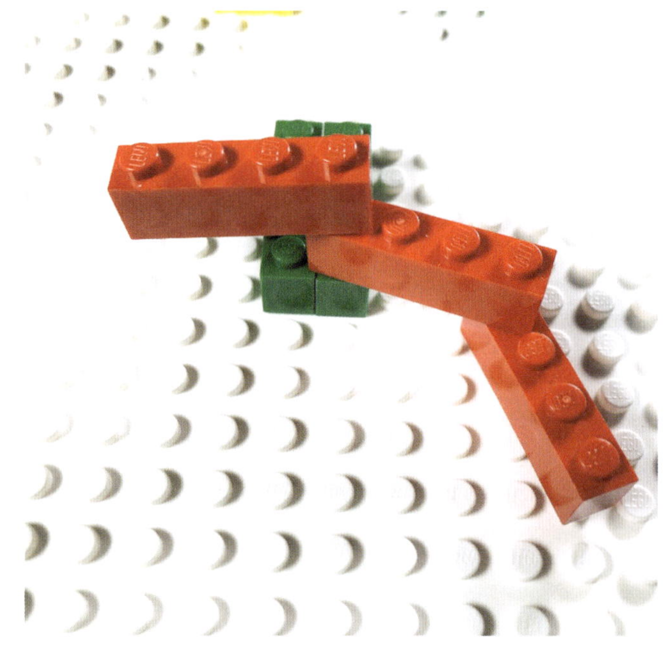

Wenn Teilnehmer nicht über die gleichen Steine verfügen

Grundsätzlich empfehlen wir, Steine im Vorfeld eines Workshops an die Teilnehmer zu schicken. Dennoch kann es passieren, dass jemand andere Steine zur Verfügung hat als der Faciltitator.

Unser Lead-Trainer Jens war der Erste von uns, der mit dieser Herausforderung konfrontiert war. Folgenden Ratschlag gab er den Absolventen in unserer exklusiven Slack-Gruppe mit auf den Weg:

„Heute habe ich einen Online-LEGO® Serious Play®-Workshop moderiert und die Steine eines Teilnehmers waren in der Post verloren gegangen. Wir mussten auf die Steine seiner Kinder zurückgreifen, da es keine Option war, ihn vom Workshop auszuschließen."

Wenn das passiert

1. Sicherstellen, dass die alternativen Steine neutral genug sind (vgl. SERIOUSWORK, Kapitel 4: Steine, und Seite 54 in diesem Buch: Windows-Exploration-Kit-Inventarliste)

2. Nach dem Fotografieren, Zerlegen, Hochladen, und Priorisieren baut man mit dem eigenen Windows-Kit die BEDEUTUNG nach, nicht die Modelle.

3. In der Recap-Runde stellt man dem Teilnehmer das so gebaute Modell vor und nimmt gegebenenfalls Anpassungen vor. Wichtig ist, dass der Teilnehmer der Interpretation seines Modells zustimmt.

4. Es empfiehlt sich, immer ein zusätliches Starter-Kit oder zusätzliche Steine (vgl. Seite 121) in Griffbereitschaft zu haben.

Die Fotos auf der gegenüberliegenden Seite zeigen links was die Teilnehmer gebaut haben und rechts, wie Jens die Aussagen mithilfe seines Windows-Exploration-Kits übertragen hat.

Kapitel 8

#onlineLSP – fit für die Zukunft

Neue Möglichkeiten dank #onlineLSP

Die globale Pandemie hat die Entwicklung neuer Online-Moderationsformen wie die in diesem Buch vorgestellten zweifelsfrei beschleunigt, aber auch davor bestand Bedarf für Techniken und Varianten von LEGO® Serious Play®, die online funktionieren.

Der positive Nebeneffekt: Diese neuen Varianten ermöglichen es, auch in Pandemiezeiten Präsenzworkshops durchzuführen.

Der Auslöser: „Flugscham“

Das Wort Flugscham kommt aus dem Schwedischen (flygskam) und ist seit 2018 fest im Sprachgebrauch verankert. Es beschreibt die Empfindung von persönlicher Scham hinsichtlich der Benutzung von Verkehrsflugzeugen. Der Hashtag #jagstannarpåmarken (d. h. #stayontheground) stammt von der Aktivistin Greta Thunberg, die propagiert, auf Flüge zu verzichten, wenn immer möglich.

Die meisten würden zustimmen, dass der globale CO_2-Ausstoß dramatische Züge angenommen hat und der Klimawandel das komplexe, fragile Ökosystem bedroht.

Auch wir haben eine gewisse Flugscham empfunden. Unser Beruf brachte es mit sich, das wir 2019 viele Monate im Flugzeug verbracht haben. Im Instagram-Zeitalter wurde uns zunehmend bewusst, dass das Posten von Bildern verschiedener Flughäfen nicht auf jedermanns Zustimmung trifft.

Unsere Einsicht kommt vielleicht für manchen zu spät, aber jeder macht seine Erfahrungen und lernt in seiner eigenen Geschwindigkeit ...

Klimawandel

Weder sind wir Klimawissenschaftler noch Experten auf dem Gebiet. Dennoch gibt es viele Anzeichen, die dafürsprechen, dass die Menschheit das ökologische Gleichgewicht in Gefahr bringt. Man denke z. B. an:

die Arktis, die ein dramatisches Abschmelzen der Gletscher erfährt;

die kalifornischen und australischen Waldbrände, die mit Sicherheit von der globalen Erderwärmung verstärkt wurden;

das Jahr 2020, das vermutlich zu den heißesten Jahren seit Beginn der Klimaaufzeichnungen zählen wird; Meteorologen weltweit vermuten, dass dieses Jahr mit 50 bis 75%iger Wahrscheinlichkeit den vor vier Jahren aufgestellten Rekord brechen wird:

die Flugindustrie ist für ca. 2 % des von Menschen verursachten CO_2-Ausstoßes verantwortlich;

das Aufkommen von „Extinction Rebellion“.

Die Menschheit kann es sich nicht mehr erlauben, für ein Geschäftsmeeting ohne Weiteres in ein Flugzeug zu steigen.

Neue Möglichkeiten dank #onlineLSP

#onlineLSP hilft, Treibhausgase zu senken.

Währen der Pandemie hat sich gezeigt, dass es möglich ist, Workshops und Ausbildungen mit Teilnehmern aus der ganzen Welt zu veranstalten, ohne dass nur einer von ihnen ein Flugzeug betreten muss.

Menschen aus Neuseeland, den Vereinigten Arabischen Emiraten, der Dominikanischen Republik, den USA, China, Kanada, Kroatien, Deutschland: Sie alle waren im selben Workshop. Durch #onlineLSP ergeben sich also vollkommen neue Wege der Zusammenarbeit, ganz ohne viel besagte Flugscham, und auch nach der Pandemie werden mit Sicherheit weniger internationale Flugreisen stattfinden als vorher.

Auf den folgenden Seiten sind drei Beispiele dargestellt, was durch #onlineLSP möglich wird:

#onlineLSP Hybrid

In diesem Format werden Online-Teilnahme und die Präsenzteilnahme miteinander kombiniert. Vor #onlineLSP mussten Mitarbeiter an anderen Standorten entweder reisen oder konnten nicht am Ergebnis mitarbeiten.

Gemeinsames Modell mit Sicherheitsabstand

Vor Kurzem durften wir Teile der US-Army in #onlineLSP ausbilden. Wenig später durften wir online ihrem Workshop beiwohnen, in dem sie in Präsenz unter Einhaltung von strengen Hygienemaßnahmen an einem komplexen Thema arbeiteten.

Das Interessanteste jedoch war, dass sie in ihrem Präsenzworkshop ein gemeinsames Modell mithilfe des „Magic Hands©"-Vorgehens erstellt haben. Der Workshop war also perfekt, um unter Pandemiebedingungen das Berühren der Steine zu vermeiden.

Meta-Modelle online

Ist es möglich, das zwei Teams an unterschiedlichen Standorten und in verschiedenen Zeitzonen gemeinsam an einem gemeinsamen Modell arbeiten? Wie kommen sie zu einem gemeinsamen Verständnis?

Eine Fallstudie zeigt, wie mithilfe von #onlineLSP ein Meta-Modell entsteht, wie genau das passiert und wie aus zwei gemeinsamen online erstellten gemeinsamen Modellen ein gemeinsames Bild mit einer gemeinsamen Geschichte entsteht.

Das Glas ist halb voll

Die Pandemie hat viel Leid verursacht. Allerdings war sie auch ein Treiber von Innovation und hat Dinge ermöglicht, die andernfalls zu einem „business as usual" geführt hätten.

Die Welt hat sich verändert. Mit #onlineLSP haben wir bisher nur an der Oberfläche des Machbaren gekratzt.

NORD
OST
WEST

LEGO® Serious Play®-Hybrid-Workshops

Von Jens Dröge, SeriousGlobal-Lead-Trainer für Deutschland, Österreich und die Schweiz (DACH)

LEGO® Serious Play®-Hybrid kombiniert Online-Workshops mit Präsenzworkshops. Dabei befinden sich einige Teilnehmer im selben Raum, andere wählen sich über Zoom ein.

Durch die von uns entwickelten Techniken für Online-LEGO® Serious Play® konnten wir damit ganz neue Anwendungsbereiche erschliessen. So zum Beispiel für Teams, deren Mitglieder sich teilweise physisch am selben Ort befinden UND andere wiederum remote arbeiten.

In einem LEGO® Serious Play®-Hybrid-Workshop ist vieles der Online-Variante nicht unähnlich. So benötigen alle Teilnehmer vorab Windows-Exploration-Kits und der Workshop kann sowohl „Magic Hands©" als auch optional zusätzlich „Build-along©" durchgeführt werden. Dennoch gibt es einiges zu beachten, um die hybride Form einen Erfolg werden zu lassen.

Ton

Einer der wichtigsten Faktoren ist das Audio-Set-up, um Rückkopplungen und Echos zu vermeiden. In unserem Fall kam eine Jabra-Konferenzspinne zum Einsatz, die am MacBook als Tonein- und -ausgabegerät ausgewählt wurde. Aber Achtung: Diese Geräte „hören" alles, auch wenn man sich ein Glas Wasser einschenkt.

Die Teilnehmer, die vor Ort teilnehmen, müssen ihr Audio auf stumm stellen („Mute"). Andernfalls kommt es zu furchtbaren Echos.

Zusätzlich sollte man die Teilnehmer stetig darauf hinweisen, LAUT zu sprechen.

Ohne Laptop geht es nicht.

Jeder Teilnehmer, egal ob on- oder offline benötigt einen Laptop mit eingebauter Kamera, um die Modelle der Remote-Teilnehmer zu sehen. Die Modelle werden von allen nach den gleichen Prinzipien vor der Kamera präsentiert, wie in diesem Buch beschrieben. Laptops werden zudem für das gemeinsame Modell benötigt

Schritt 1 des gemeinsamen Modells funktioniert ebenfalls analog zum reinen Online-Workshop. Das führt einerseits zu einer besseren Dokumentation und gibt andererseits den Online-Teilnehmern eine Orientierung.

Als Facilitator hingegen muss man nicht sämtliche Kernaussagen nachbauen, sondern nur die der online Teilnehmenden. Die der Anwesenden werden an einem separaten Bautisch mit Post-its priorisiert.

Der Wechsel zwischen beiden Tischen geht schneller, wenn man einen zweiten Laptop und Monitor zur Verfügung hat.

LEGO® Serious Play®-Hybrid-Workshops

„Magic Hands©" (und „Build-along©")

Das gemeinsame Modell wird auf die gleiche Art gebaut wie in einem reinen Online-Workshop, wobei die Teilnehmer die Hände des Facilitators steuern.

Um Gleichheit zwischen den Teilnehmern sicherzustellen, darf keiner der Präsenzteilnehmer das führende Modell berühren. Gleichzeitig wird so die Einhaltung von Hygieneregeln sichergestellt.

In unserem Fall wurden den Teilnehmern im Raum durch extra Stehtische feste Plätze zugewiesen. Auf diesen positionierten diese dann ihren Laptop, um mit den Online-Teilnehmern sowohl „auf Augenhöhe" kommunizieren als sie auch sehen zu können.

Mehr Licht, mehr Kameras

Wie schon mehrfach in diesem Buch erwähnt, empfiehlt es sich auch hier, extra Kameras und zusätzliche Beleuchtung einzusetzen.

Eine weitere Kamera, die auf den Raum ausgerichtet ist, bietet sich zudem an, um den Online-Teilnehmern ein Gefühl von dem zu geben, was im Raum passiert.

Der Vergleich zu einem reinen Präsenzworkshop

Die Ergebnisse eines LEGO® Serious Play®-Hybrid-Workshops sind beeindruckend und stehen einem reinen Online- oder Präsenzworkshop in nichts nach.

Wird ein solcher Workshop entsprechend gut facilitiert, wird jeder im Raum gleichermaßen angehört und einbezogen. Das führt zu der gleichen Beteiligung wie bei einem klassischen Präsenzworkshop.

Egal ob online oder hybrid: Die neuen Einsatzmöglichkeiten von LEGO® Serious Play® beweisen, dass es sich keinesfalls um die „hässliche Stiefschwester" der „klassischen" LEGO® Serious Play®-Methode handelt.

Diese neuen Anwendungen zeigen vielmehr, dass sich die Methode weiterentwickelt, anpassungsfähig ist und mit anderen Werkzeugen und Methoden kombiniert werden kann, um so 100 % Beteiligung der Workshop- und Meetingteilnehmer sicherzustellen – ohne faule Kompromisse.

Kontakt

in linkedin.com/in/jensdroege

Jens@Serious.Global

LEGO® Serious Play®-Hybrid-Workshops: Reflexion

Ich war begeistert von dieser besonderen Form eines LEGO® Serious Play®-Workshops mit drei Personen im Raum und drei Personen online.

Vor dem Workshop habe ich mich gefragt, ob dieses Hybridformat genauso effektiv sein würde wie ein traditioneller Präsenzworkshop und ob wir uns wie ein Team fühlen würden.

Ich habe jedoch sehr schnell gemerkt, dass der Fokus auf die Steine und das Modell bei allen Teilnehmern da war, unabhängig davon, wo sie sich physisch befanden.

Sogar beim Bau des gemeinsamen Modells hatte ich das Gefühl, dass alle Beteiligten „da" waren – als ob die Online-Teilnehmer physisch anwesend wären.

Die Teilnehmer vor Ort konnten immer die Anwesenheit ihrer Online-Kollegen „spüren" und haben diese nicht ignoriert, sondern voll integriert.

Ich war mit dem Ergebnis des gemeinsamen Modells und dem gesamten Workshop voll zufrieden. Meiner Ansicht nach war er dem eines klassischen Präsenzworkshops keineswegs unterlegen.

Für mich öffnen die neuen Varianten die Tür zu neuen Formen der Zusammenarbeit und geben eine Perspektive, effektive Workshops mit Mitarbeitern an unterschiedlichen Standorten durchzuführen.

Ich bin immer wieder überrascht, was man mit LEGO®-Steinen und etwas Fantasie erreichen kann.

Christian Deuschle, Coach & Change Leader

Quelle: Professor Charles Allen, U.S. Army War College, 2020.

Gemeinsame Modelle mit Abstand: Präsenz unter Pandemiebedingungen

Von Colonel Ken S. Gilliam, Colonel Silas Martinez, Ph. D., und Colonel Maurice L. Sipos, Ph. D.

Hinweis: Die hier geäußerten Ansichten sind die der Autoren und spiegeln nicht zwangsläufig die offizielle Linie oder Position des Department of the Army, des Department of Defense oder der US-Regierung wider.

Frage: Wie lassen sich die Vorzüge eines Präsenzworkshops genießen und gleichzeitig die Gesundheit und Sicherheit der Teilnehmer schützen?

Antwort: „ Magic Hands©" – aber in Präsenz!

Das Markenzeichen des United States Army War College ist das seminaristische Präsenzstudium, das auf dem sokratischen Dialog basiert. Was die Studenten 2020 bei ihrer Ankunft in Carlisle, Pennsylvania, erlebten, war jedoch etwas anderes.

Schon seit mehreren Jahren haben Fakultätsmitglieder mit LEGO® Serious Play® experimentiert, um herauszufinden, wie die Methode den Lernerfolg der Kurse unterstützt. Aufgrund der positiven Ergebnisse sollte LEGO® Serious Play® in diesem Jahr erstmals in der gesamten Stundentenschaft bestehend aus ca. 275 Studierenden, in 25 Seminargruppen eingesetzt werden. Um den Einsatz der Methode im gesamten College im Rahmen der Vorlesung „Komplexe adaptive Systeme" zu fördern, wurden zusätzliche Kits angeschafft, Zeit- und Unterrichtspläne angepasst und neue Facilitatoren ausgebildet.

Durch die Pandemie wurden alle Präsenzveranstaltungen infrage gestellt. Collegeweit waren alle Fakultäten gezwungen, auf Fernlehre umzustellen. Das College suchte parallel nach Möglichkeiten, um Leuten im Seminar die Teilnahme an Präsenzveranstaltungen zu ermöglichen und dabei gleichzeitig Abstands- und Hygieneregeln einzuhalten.

Schließlich wurden Räume gefunden, die groß genug waren, um sich bei Einhaltung der Regeln gemeinsam in einem Raum aufhalten zu dürfen. Zwischen den einzelnen Veranstaltungen wurden die Räume desinfiziert und umgestellt, um bei Bedarf parallelen hybriden Unterricht zu ermöglichen.

Die ursprünglichen Pläne sahen jedoch nicht vor, jeden Studenten mit eigenen Steinen zu versorgen. Zudem mussten die geplanten Präsenzausbildungen verschoben werden. Daher ließen wir uns im Juli 2020 in LEGO® Serious Play® Online ausbilden.

Das Ziel: die Kombination von Elementen aus LEGO® Serious Play®-Online und klassischen LEGO® Serious Play®-Präsenzworkshops

Dazu mussten zusätzliche Serious Play®-Facilitatoren ausgebildet werden, um eine Ratio von 1:5 gewährleisten zu können. Jedes Seminar wurde für kleinere Teilnehmerzahlen ausgelegt und jeder Gruppe wurde sowohl ein Faciltiator zugewiesen, der als „Magic Hands©“ fungierte, als auch ein „Lead-Facilitator“ als Koordinator des Workshops.

Der Koordinator gab den Rahmen vor, stellte die Aufgaben und war für das Zeitmanagement verantwortlich, um alle drei Gruppen parallel zu halten.

Auswahl der passenden Steine

Obwohl wir genug Starter-Kits, Landscape-Kits und Connectors-Kits für Präsenzworkshops zur Verfügung haben, ist der Versuch, in kurzer Zeit die Modelle der Teilnehmer nachzubauen, zum Scheitern verurteilt, wenn diese zu viel Auswahl haben. Daher wurde jedem Teilnehmer ein Windows-Exploration-Kit zur Verfügung gestellt, um die Steinevielfalt zu begrenzen.

Das Nachbauen der Modelle

Wie bei Online-LEGO® Serious Play®-Workshops auch sollte man sich hier ausreichend viel Zeit nehmen, um die individuellen Modelle nachzubauen.

Mit etwas Übung können die „Magic Hands©“ die Modelle bereits nachbauen, während sie vorgestellt werden. Den letzten Schliff erhalten die Modelle dann in der Pause. Nach der Pause stellt man dann sicher, dass man alle Modelle korrekt repliziert hat.

Einigen Workshopteilnehmern fiel es schwer, ihr Modell in Einzelteile zu zerlegen, nachdem sie viel Zeit, Energie und Leidenschaft in dessen Bau gesteckt hatten.

Daher haben wir uns dafür entschieden, dass die Facilitatoren, die als „Magic Hands©“ fungierten, jedes Modell im Original nachbauen sollten, sodass die Teilnehmer ihr ursprüngliches Modell als Ganzes behalten durften.

Der Nachbau der Modelle ermöglichte es dem Facilitator zudem:

1) die Repliken entsprechend zu zerlegen, ohne die Aussage des Originals aus den Augen zu verlieren,

2) den Teilnehmern tiefergehende Fragen zu den Elementen ihres Modells zu stellen und

3) auf das Originalmodell Bezug zu nehmen, wenn eine Metapher schnell nachgebaut werden musste.

Remote-Teilnehmer und Audioprobleme

Um Remote-Teilnehmer einzubeziehen, haben wir MS-Teams verwendet. Wie bereits an anderer Stelle erwähnt, bieten Videokonferenztools viele Vorteile und die Veranstaltungen lassen sich aufzeichnen.

Nutzt man ein Videokonferenztool jedoch mit mehreren Teilnehmern gleichzeitig, gibt es ein paar Dinge zu beachten. Um Echos und Rückkopplungen zu vermeiden, muss sich jeder Teilnehmer an eine strikte Lautsprecherdisziplin halten. Allerdings bietet die Videokonferenz auch die Möglichkeit, ein Modell anzupinnen und zu vergrößern, während es von einem Teilnehmer beschrieben wird.

Erfahrene Facilitatoren wissen: Kleinere Gruppen ermöglichen einen intensiveren Austausch, es erhöht sich aber auch der Geräuschpegel im Hintergrund. LEGO®-Steine sind schon unter normalen Umständen laut, die Hörbarkeit wird aber noch schwieriger, wenn man besondere Richtlinien einhalten muss.

Wir empfehlen daher den Einsatz eines Mikrofons. Damit wird die Stimme desjenigen verstärkt, der den übrigen Teilnehmern sein Modell erklärt.

Teilen der Modelle über mehrere Gruppen hinweg

Die Bilder der individuellen Modelle wurden auf eine Leinwand projiziert, damit alle drei Tischgruppen gute Sicht hatten und gleichzeitig der Abstand gewahrt werden konnte. Um das Modell vorzustellen und Berührungen zu vermeiden, verwendeten wir ein Smartphone auf einem Selfiestick.

Desinfektion der Steine

Zwar hatte jeder Teilnehmer sein eigenes Windows-Exploration-Kit, allerdings wurden diese an die Teilnehmer nachfolgender Workshops weitergegeben. Um die Steine zwischen den Workshops zu desinfizieren, haben wir sie für eine Minute in 80%igen Alkohol eingelegt und über Nacht getrocknet. Auch die Räume und Arbeitsplätze wurden einer gründlichen Reinigung unterzogen.

Einhalten von Abstands- und Hygieneregeln

Der von uns genutzte Raum war groß genug, um die Teilnehmer mit ausreichend Abstand zu platzieren. Dennoch herrschte die ganze Zeit Maskenpflicht.

Die Kombination dieser Maßnahmen hat es ermöglicht, physische und mentale Modelle in einem sicheren Umfeld auszutauschen – ein Markenzeichen von LEGO® Serious Play.®

Build a shared model to describe the benefits of LEGO Serious Play
EAST
SOUTH
WEST
SOUTH
WEST
EAST

Bau eines Meta-Modells online

Ein LEGO® Serious Play®-Meta-Modell ist ein gemeinsames Modell, das aus anderen gemeinsamen Modellen gebaut wird. Im Detail wird diese Technik im Buch MASTERING vorgestellt. Wir haben Meta-Modelle mit 25 bis 50 Personen in vielen Präsenzworkshops gebaut

Das Vorgehen eignet sich genauso für Online-LSP-Workshops, wie auf dem Foto links zu sehen ist. Im Hintergrund sind zwei Grundplatten zu erkennen. Sie enthalten die Überreste von zwei gemeinsamen Modellen, die online von zwei verschiedenen Teams gebaut wurden. Ein Team arbeitete online von Großbritannien, das andere von Deutschland aus.

Beide fertigen Modelle wurden von den jeweiligen Facilitatoren fotografiert und auf MURAL hochgeladen. Jeder Facilitator hat dann das gemeinsame Modell des jeweils anderen Teams nachgebaut.

Der folgende Teil fand dann in einer gemeinsamen Zoom-Konferenz statt.

Das Ziel der folgenden Einheit war, die Geschichten und Ideen beider Modelle zu verstehen.

Jedes Team stellte zunächst die Geschichte zweimal vor, bevor der Facilitator dann ein Mitglied des einen Teams dazu aufforderte, das jeweilige Modell des anderen Teams vorzustellen.

Daran schloss sich ein Recap an, um sicherzustellen, dass die Inhalte verstanden wurden. Das Recap endete mit der Rückbestätigung, ob noch jemand Klarstellung über einzelne Bedeutungen benötigte.

Nachdem alle dasselbe Verständnis von den Modellen hatten, begann der Lead-Facilitator mit dem Bau des Meta-Modells durch „Magic Hands©“ und einer neuen Grundplatte (s. Foto).

Das Vorgehen entspricht weitestgehend dem bereits beschriebenen Bau eines gemeinsamen Modells online. Dabei fragt der Facilitator der Reihe nach, welches Element der Teilnehmer wählen möchte und wo es auf der Platte platziert werden soll.

Während das Meta-Modell so langsam entsteht, führt der Facilitator häufige Recaps durch, um sicherzustellen, dass die Geschichte von jedem verstanden worden ist.

Der Abfrage von Fragen und Befindlichkeiten folgt das Anpassen des Meta-Modells, bis beide Teams die Geschichte wiedergeben können und eine Zustimmung aller Teilnehmer erfolgt ist.

Das fertige Meta-Modell wurde letztlich als Ganzes und im Detail fotografiert, auf MURAL hochgeladen und mit wenigen Worten zusammengefasst.

Kapitel 9

Fallstudien unserer Absolventen

Fallstudien von Absolventen unserer Online-Ausbildung

In diesem Kapitel präsentieren Absolventen unserer Ausbildung zum LEGO® Serious Play®-Online-Facilitator, wie sie das, was sie von uns gelernt haben, in die Praxis umgesetzt haben.

Jede Geschichte unterstreicht eine oder zwei der in diesem Buch vorgestellten Lektionen. So wird hoffentlich ersichtlich, wie das Vorgestellte in der Praxis Sinn ergibt.

Eine nette Randgeschichte zum Fall von Johnny Wong zum Einsatz von LEGO® Serious Play® in der Sozialarbeit ist die folgende:

„Am Tag des Workshops fegte ein schwerer Taifun über Hongkong hinweg. In der Vergangenheit mussten Workshops bei Taifun aus Sicherheitsgründen stets verschoben werden.

Dank der Online-Plattform konnten die Studenten trotzdem ohne Risiko von zu Hause aus teilnehmen. Das war vielleicht der allererste Workshop, der in Hongkong unter Taifunbedingungen durchgeführt wurde und ein gelungenes Beispiel für die Stärke von Online-LEGO® Serious Play®."

LEGO® Serious Play® Online bietet so viel Neues und Überraschendes.

Tammy z. B. stellt eine Fallstudie vor, in der sich die Anfänge eines Systemmodells erkennen lassen.

Ben zieht das Fazit, dass die Vorbehalte zu Online-LEGO® Serious Play® nur die seinen waren – die Teilnehmer selbst merkten keinen Unterschied.

Claudia berichtet darüber, wie toll es ist, Menschen aus verschiedenen Regionen zusammenzubringen.

Und Paul hat „Magic Hands©" und „Build-along©" einen überraschenden Kniff verliehen.

Eine weitere große Überraschung ist das Ausmaß an Intimität, Offenheit und Vertrauen, das in einem Online-LEGO® Serious Play®-Workshops entsteht. Vermutlich streifen wir vor der Webcam unsere Maske ab, die wir in der Arbeit tragen, und zeigen unser wahres Ich, mitsamt dem zugehörigen Umfeld aus Familie, Kindern, Haustieren und all dem anderen, was dazugehört.

Jemand hat mal von einer Gruppe Psychologen erzählt, die berichteten, dass bei der Einführung des Internets viele Patienten noch offener waren, wenn die Behandlung über das Internet stattfand.

Die Fallstudien zeigen, dass LEGO® Serious Play® Online funktioniert. Unser Dank geht an alle, die sich die Zeit genommen haben, ihre Geschichten niederzuschreiben. Mögen sie als Anregung für eigene Erfahrungen mit LEGO® Serious Play® Online dienen.

SOUTH
WEST
EAST
SOUTH

Team Build und Vision

Kürzlich durfte ich einen Teambuilding- und Visionsworkshop für ein Medienunternehmen co-facilitieren. Dieser hat mir wieder einmal gezeigt, wo die Magie von LEGO® Serious Play® liegt. Dabei ist es wie immer: Vorbereitung ist alles!

Hintergrund

Die von uns geleitete Einheit hatte zwei Hauptziele: den Teamgeist in einer Zeit des Homeoffice zu stärken und zu erarbeiten, wie ein leistungsstarkes Team in einem Jahr aussehen könnte.

Das Team bestand aus zwölf Teilnehmern. Keiner hatte vorher Erfahrung mit LEGO® Serious Play® gemacht.

Um zügig durch das technische und metaphorische Skills Build zu kommen, haben wir die Gruppe in zwei Hälften geteilt. Jede arbeitete an einer anderen Aufgabe, andere wiederum wurden gemeinsam erledigt. Durch die Breakout-Session konnten wir entsprechend Zeit einsparen.

Innerhalb weniger Minuten nach dem Start (schneller, als von mir erwartet) hat sich meine Gruppe in den Prozess gestürzt, sich bei der Arbeit mit Metaphern mit Energie aufgeladen und war bereit für die Entwicklung der Teamvision.

Als Antwort auf die Frage nach einer „Teamvision“ deckten die individuellen Modelle ein riesiges Themenspektrum ab, von Mentalität, Kultur, Vielfalt bis hin zu Technologie und Vernetzung. Hervorragende Grundlagen für ein gemeinsames Modell!

Das Team hat die einzelnen Modelle dann zerlegt, fotografiert, hochgeladen und nachgebaut, sodass jeder durch „Build-along©“ mitbauen konnte.

Moderation statt Faciltation

Was ich nicht erwartet habe, war das hohe Maß an Energie des Teams während der „Magic Hands©“ und des „Build-along©“.

Um den Fokus auf der Entwicklung einer gemeinsamen Geschichte zu halten, musste ich von der Rolle des Facilitators in die des Moderators und damit eines Vermittlers schlüpfen. Ich musste die Teilnehmer einbremsen und auf ein sequenzielles Vorgehen hinarbeiten. Sonst hätten sich die einzelnen Teilnehmer weiter unkontrolliert nur in „ihr“ Modell vertieft.

Durch mehr Reflexionen und mehr Recaps konnten wir Disziplin in den Prozess bringen und am Ende hatte mein Team eine großartige gemeinsame Geschichte entwickelt.

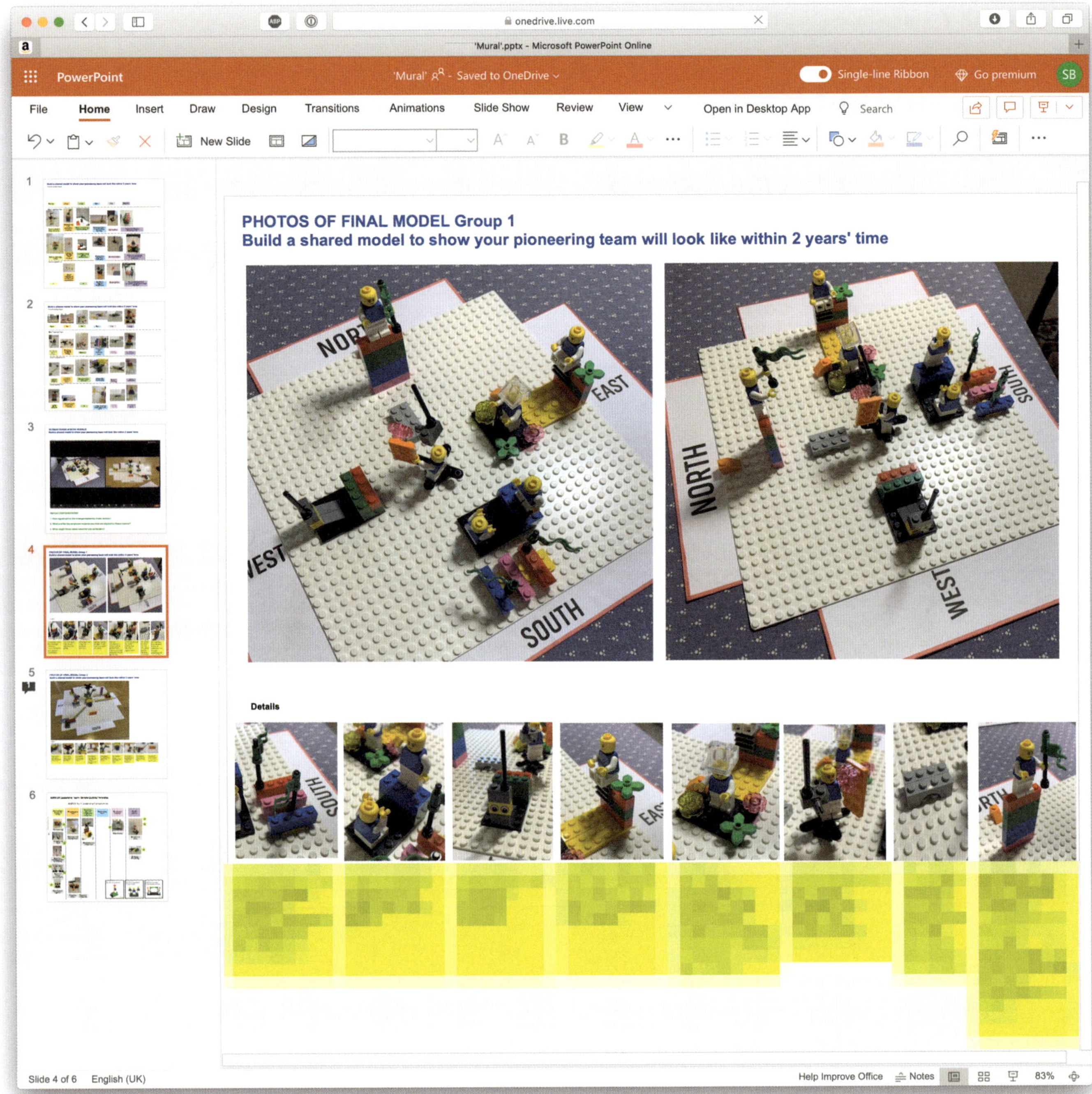
onedrive.live.com
'Mural'.pptx - Microsoft PowerPoint Online
PowerPoint
'Mural' - Saved to OneDrive
Single-line Ribbon
Go premium
SB
File
Home
Insert
Draw
Design
Transitions
Animations
Slide Show
Review
View
Open in Desktop App
Search
New Slide
PHOTOS OF FINAL MODEL Group 1
Build a shared model to show your pioneering team will look like within 2 years' time
NORTH
EAST
WEST
SOUTH
Details
Slide 4 of 6
English (UK)
Help Improve Office
Notes
83%

Eine besondere Herausforderung

Obwohl ich mit Breakout-Räumen in Zoom vertraut bin, machten technische Probleme, das strikte Zeitmanagement und das emotionale Storytelling mit LEGO®-Steinen die Arbeit in verschiedenen virtuellen Räumen zu einer besonderen Herausforderung.

Meine größte Erkenntnis aus diesem Workshop war, wie wichtig es ist, die Facilitatoren der einzelnen Breakouts vorab gründlich zu briefen und die Abläufe aufeinander abzustimmen. Wenn jede Gruppe die gleichen positiven Erfahrungen macht und jeder Schritt (buchstäblich) bis ins Detail geplant ist, ist der Wechsel vom Plenum in die Breakouts ein Kinderspiel.

Weitere Erkenntnisse: Teilnehmervorbereitung

Um das Erlebnis nicht zu stören und um das Maximum aus kreativem Denken, neuen Erkenntnissen, Interaktion und Ideen herauszuholen, muss der technische Ablauf einwandfrei funktionieren. Die Teilnehmer müssen sehr gut vorbereitet werden, sodass nichts dem Zufall überlassen bleibt. Man sollte daher die Tools vorab einrichten, testen und jeden Teilnehmer einweisen, sodass ihnen die Nutzung am Tag des Workshops wie selbstverständlich erscheint.

Risiken abschätzen

Ich empfehle, sich vorab über mögliche Probleme und Gegenmaßnahmen Gedanken zu machen – vom Netzwerkausfall, über Nachzügler oder leere Batterien. Je mehr Alternativen man sich überlegt hat, desto gelassener wird man sein und desto mehr wird man sich auf die Gruppe einlassen können.

Den Aha-Moment genießen

Als meiner Gruppe die Macht von Metaphern klar wurde und jeder erkannte, dass Spaß haben und anspruchsvolles Denken auch virtuell harmonieren, war das der Schlüssel zum Erfolg. Der Moment kommt, und dann sollte man ihn genießen.

Alles ist möglich, auch virtuell

Ich habe an der LEGO® Serious Play®- Online-Ausbildung teilgenommen, um für mich herauszufinden, ob etwas so Physisches und Taktiles, das von menschlicher Interaktion, Konnektivität und Kommunikation abhängig ist, auch auf Distanz möglich sein kann.

Ich weiß jetzt, das es geht und ES IST möglich, LEGO® Serious Play®-Workshops auch online durchzuführen!

Es mag uns fehlen, zusammen in einem Raum zu sein, aber es gibt immer einen Weg, die Dinge genauso gut, in mancher Hinsicht vielleicht sogar besser, online zu ermöglichen.

in linkedin.com/in/andrew-joly-3b56991

navigator

BEN MIZEN | IDEAS ALCHEMY | LONDON, VEREINIGTES KÖNIGREICH

Your Navigator: neues Denken

Über die letzten 18 Monate durfte ich mit LEGO® Serious Play® ein Modul des „Navigator-Programms“, das von Richard Cartlidge für yournavigator.co.uk entwickelt wurde und sich an Führungskräfte richtet, begleiten.

Dieses dritte Modul trägt den Namen „Thinking Differently“ und beschäftigt sich mit der Lösung schwieriger Probleme, alltäglicher Probleme und Herausforderungen aus dem Alltag der Teilnehmer.

Gemeinsame Modelle und Systemmodelle werden nicht erstellt. Die Teilnehmer konzentrieren sich voll darauf, „mit den Händen zu denken“ und Erkenntnisse durch Teilen und Reflektieren zu gewinnen.

Dieses Modul wird normalerweise in Präsenzform abgehalten und die Aussicht, einen Tag mit LEGO®-Steinen zu arbeiten, wird sowohl von Skepsis als auch Neugierde begleitet.

Die meisten zeigen sich jedoch begeistert davon, wie sehr LEGO® Serious Play® ihnen auf unterhaltsame Weise dabei geholfen hat, die Perspektive zu wechseln und Probleme zu lösen.

Viele der Teilnehmer setzen LEGO® Serious Play® inzwischen in ihrer Arbeit ein, um ein neues, anderes Denken in ihren Führungsalltag zu integrieren.

„Wir müssen es online möglich machen.“

Mit der Ausbreitung des Coronavirus und seinen Auswirkungen auf das öffentliche Leben im Frühjahr 2020 stand das Programm vor der Herausforderung, die Inhalte, die in Präsenz so gut funktioniert hatten, in die digitale Welt zu übertragen.

Es gab einige verständliche Zweifel.

Würde es möglich sein, ein Modul, das vom „Anfassen“ lebt, online durchführen zu können?

Der nächste Kurs war für September angesetzt und obwohl die Hoffnung bestand, bis dahin die Veranstaltung wieder normal abhalten zu können, mussten wir uns an den „Online-Gedanken“ gewöhnen.

Im Juli dann habe ich die Ausbildung zum LEGO® Serious Play®-Online-Facilitator mit SeriousWork gemacht. Das hat mich endgültig davon überzeugt, dass die Methode nicht nur online funktioniert, sondern dass mein Modul auch virtuell Führungskräfte inspirieren kann.

Änderungen am Modul

Um das Modul online durchführen zu können, waren ein paar Anpassungen nötig:

1. Zwei Vormittage statt ein ganzer Tag – um Online-Überdruss und Langeweile zu vermeiden, entschieden wir uns, den Kurs auf 2 x 3,5 Stunden aufzuteilen.

Der erste Vormittag befasste sich mit dem Skills Build und zusätzlichen passenden Aufgaben, der zweite mit der Lösung alltäglicher Fragestellungen.

2. Beschränkung der Gruppengröße auf sechs Personen – die Arbeit mit kleineren Gruppen ist im Online-Umfeld einfacher und effektiver.

3. Anpassung der Geschwindigkeit – während der Planung des Online-Kurses wurde uns klar, dass wir weniger Inhalt in derselben Zeit abdecken sollten. Wir haben den Fokus auf mehr Zeit für Teilen und Reflexion gelegt.

Gleichzeitig planten wir mehr Pausen ein, um die Energie hoch zu halten.

4. Die Starter-Kits und „Enten" wurden den Teilnehmern vorab zugesandt – zuvor wurden die Steine den Teilnehmern erst am Tag der Veranstaltung ausgehändigt.

Die Steine sind nun Teil eines Gesamtpakets, das mit den anderen Kursmaterialien vorab verschickt wird.

5. Geteilte technische Verantwortung – die Aufgaben während der Videokonferenz wurden zwischen dem Kursleiter Richard und mir als Facilitator aufgeteilt.

Wesentliche Erkenntnisse

1. Schickt man die LEGO® Serious Play®-Kits mit anderem Material vorab, steigert das die Erwartungshaltung und die Neugierde.

Allerdings muss man, wie bei Präsenzveranstaltungen auch, auf Unsicherheit und Spott vorbereitet sein.

2. Wenige LEGO®-Steine sind mehr als ausreichend (große Kits sind nicht notwendig).

Während des gesamten Moduls konnten die Teilnehmer mit ihrem Starter-Kit üben, das sie anschließend in ihrem eigenen Kontext verwenden konnten.

3. Tech-Checks sind elementar.

Es zahlt sich aus, Zeit in Vorabgespräche zu investieren, damit die Teilnehmer ihre Modelle klar erkennbar vor der Kamera präsentieren können.

4. Die Vorbehalte, die ich vor Online-LEGO® Serious Play® gegenüber der Präsenzform hatte, waren nur in meinem Kopf.

Die Teilnehmer kennen den Unterschied nicht und haben auch keinerlei Erwartungen.

in linkedin.com/in/benmizen

MacBook Air

DR HOLLY HENDERSON | UNIVERSITY OF EXETER BUSINESS SCHOOL | VEREINIGTES KÖNIGREICH

Ein gemeinsames Modell mit 78 Akademikern & Managern

Schon seit Längerem wollte ich die LEGO® Serious Play®-Methode in unsere Forschungsangebote an der Universität integrieren.

Mein Ziel habe ich erreicht, indem ich LEGO® Serious Play® in eine Bewerbung für das neue „National Circular Economy Hub" integriert habe. Den Zuschlag erhielten schließlich die Professoren Fiona Charnley und Peter Hopkinson des Centre for Circular Economy an der University of Exeter Business School.

In der Ausschreibung hatten wir ursprünglich einen LEGO® Serious Play®-Workshop im Rahmen einer zweitägigen interdisziplinären Konferenz geplant. Dieser sollte am 28. und 29. April 2020 in einem Hotel in Derbyshire stattfinden.

Dann kam der Lockdown! Wäre es möglich, den Workshop auch online durchzuführen?

Die Pandemie hat die Welt auf den Kopf gestellt, aber dank des Strebens von SeriousWork, möglich zu machen, was andere für unmöglich halten, wurde LEGO® Serious Play® in die Online-Welt übertragen. Ich war eine der ersten Teilnehmerinnen ihrer Ausbildung.

Vor der Online-Ausbildung war ich zugegebenermaßen skeptisch, ob es möglich sein würde, gemeinsame Modell online zu bauen. Nach Abschluss des Kurses war ich allerdings überzeugt von der Methode und den Prinzipien, auch wenn ich noch recht nervös war.

In den folgenden Tagen haben meine Kollegen an der Universität und ich sehr viel Zeit in die Vorbereitung investiert. Das begann bei Probeworkshops und ging hin bis zu möglichen Problemen rund um MURAL und die Einhaltung neuer Richtlinien zur Arbeit mit den neuen Online-Tools seitens der Universität.

Der Workshop ... was war das eigentliche Ziel?

Das Ziel des Workshops war, eine einheitliche Sprache zu definieren und ein gemeinsames Verständnis von Kreislaufwirtschaft als Basis für die interdisziplinäre Zusammenarbeit zu schaffen.

Wie sind wir vorgegangen?

In der Woche vor dem Workshop haben wir an alle Teilnehmer Windows-Kits verschickt. Die 78 ranghohen Akademiker und Führungskräfte wurden dann zu acht Zoom-Breakouts zusammengestellt.

Am Morgen der Konferenz haben wir uns zu einer Vorbesprechung getroffen, um das Skills Build durchzuführen – gleichzeitig ein netter Eisbrecher!

Der eigentliche Beginn der Konferenz war um 13:30 Uhr und startete mit der LEGO® Serious Play®-Session.

DrResources @DrResources · 28 Apr

We have started Day 1 of our first #CEHUB #UKRI_NICER workshop led by @Fionacharnley - 70+ online participants using @LEGOSERIOUSPLAY to accelerate our understanding of #interdisciplinarity and #circulareconomy delighted to be representative for @CircularEClub and @CEC_LDN

Die Highlights des Workshopdrehbuchs:

1. ein Modell der Identität jedes Einzelnen,

2. ein individuelles Modell von Kreislaufwirtschaft,

3. ein gemeinsames Modell von Kreislaufwirtschaft.

Das Ergebnis

Nach der Rückkehr in die Hauptsession hatten wir acht großartige gemeinsame Modelle, die gegenseitig vorgestellt wurden. Die Einheit wurde aufgezeichnet und von einem zweiten Facilitator dokumentiert.

Die Ergebnisse waren voll Tiefgang und hätte man es nicht gewusst, dann hätte man nicht geglaubt, dass sie online entstanden sind. Gleichzeitig konnten wir eine Vielzahl von Grundlagen für die Inhalte des zweiten Tages sammeln.

Welche Erkenntnisse haben wir erzielt?

Man darf den Vorbereitungsaufwand für einen Online-Workshop nicht unterschätzen. Die Generalprobe war wichtig, um Fehler aufzuspüren. Den vorab versendeten Teilnehmerunterlagen haben wir die A4-Vorlage beigelegt. Und je nach Dokumentationsanforderungen sollte man eine zweite Person einsetzen, um Bilder und Mitschrifen aufzuzeichnen.

Feedback

„Es war fantastisch, dabei gewesen zu sein." Circular Economy Club Manchester

„Fantastisch durchgeführte (und gleichzeitig unterhaltsame) Session heute mit @LEGOSERIOUS-PLAY, um die #circulareconomy zu visualisieren. Tolle Leistung!" Amrit Agar

„Heute mit @LEGO großartige Zusammenarbeit zu #circulareconomy erlebt. Dank an @hehenderson und tolle Teilnehmer." Professor Raimund Bleischwitz

Ein großes Dankeschön ...

an Sean und Jens dafür, dass sie die Grenzen des Machbaren verschoben haben, an die Professoren Fiona Charnley, Peter Hopkinson, Ken Webster und deren Team für die Offenheit und Risikobereitschaft. Bildnachweise: Zoom-Bildschirmfoto: David Greenfield; Laptopfoto: Raimund Bleischwitz; Gruppenergebnis: Debra Liley

in linkedin.com/in/hollyhendersonphd

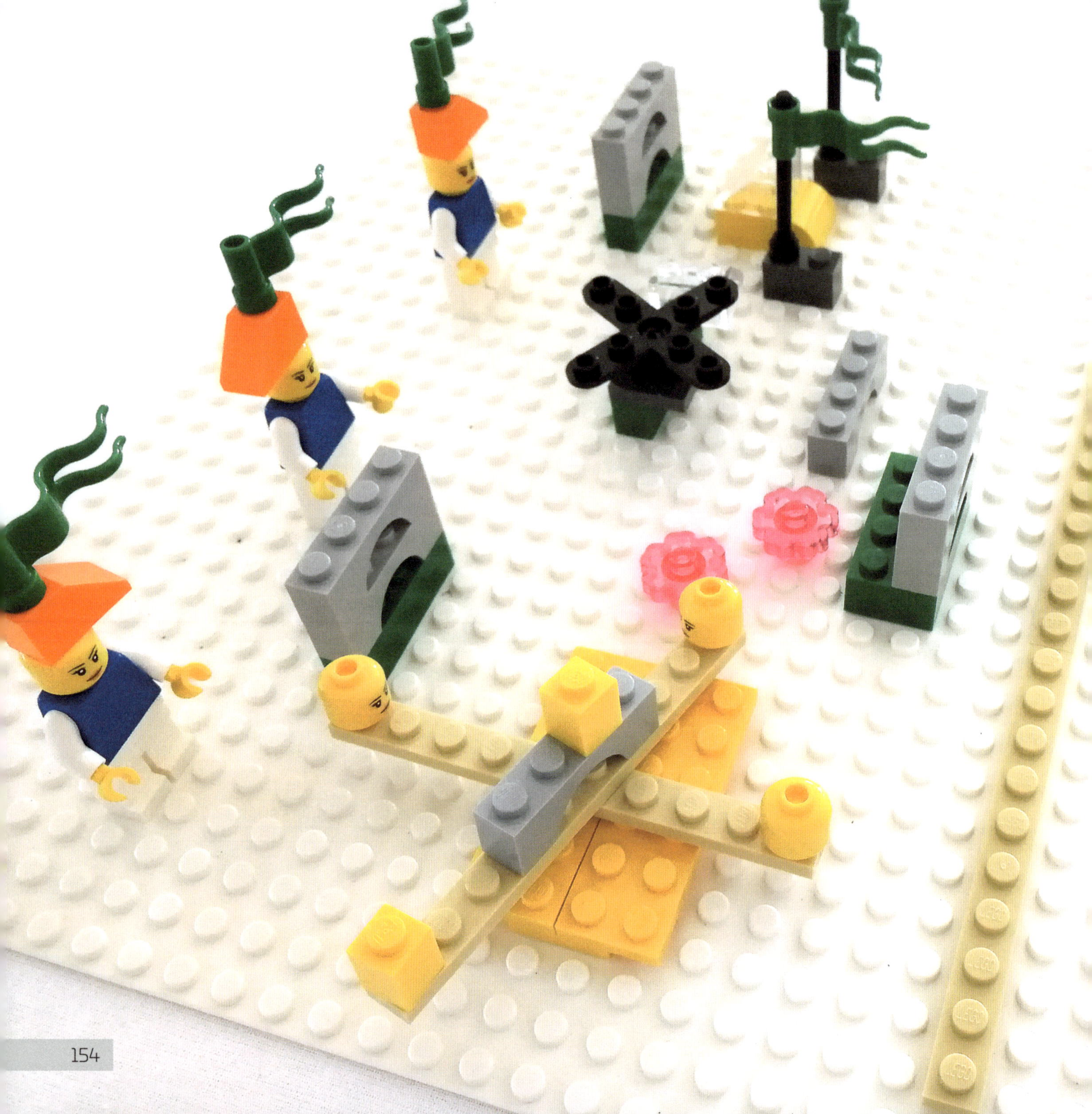

SUSANNE HEISS | FACILITATOR FOR CHANGE & CULTURE | DEUTSCHLAND

Gemeinsam besser und auf Erfolg eingestellt

Nachdem ich an einer Präsenzausbildung zu LEGO® Serious Play® teilgenommen hatte, wollte ich mich unbedingt zum Online-Facilitator ausbilden lassen. Virtuelle Workshops erlauben es mir, Menschen von überall her zusammenzubringen.

Zwei Online-Workshops möchte ich besonders hervorheben. Der erste war mit einem HR-Team und hatte das Ziel, das Miteinander und die Zusammenarbeit zu verbessern. In drei Stunden wollten wir ein individuelles und ein gemeinsames Modell erstellen.

In dem Workshop sollten auch Ideen entwickelt werden, wie sich das Team auf Basis der aus dem gemeinsamen Modell gewonnenen Erkenntnisse weiterentwickeln könnte. Diese drei Stunden bildeten den Anfang einer besseren Zusammenarbeit.

Der zweite Workshop richtete sich an ein breiteres Publikum. Dieser befasste sich damit, wie jeder für sich geschäftlichen Erfolg definiert und was jeder in den kommenden Monaten erreichen möchte.

Anhand individueller Modelle erarbeiteten die Teilnehmer ein Bild davon, wo in ihrer Karriere sie sich heute sehen und wo sie morgen sein wollen. Daraus haben wir dann konkrete nächste Schritte abgeleitet.

Meine wesentlichen Erkenntnisse:

Um in der Online-Umgebung zu bestehen, ist es wichtig, den Teilnehmern die Zeit zu geben, sich mit den Tools anzufreunden, insbesondere mit MURAL. Eine „Hausaufgabe" vorab gibt ihnen die Gelegenheit, die Plattform zu testen, und ist gleichzeitig ein guter Einstieg in den eigentlichen Workshop.

„Brainwriting" ist eine tolle Methode, um z. B. für die nächsten Schritte Ideen zu sammeln und kollegialen Ratschlag zu erhalten. „Brainwriting" hilft dem Einzelnen, die Perspektive zu öffnen, um einen externen Blickwinkel einzunehmen. Ein abschließendes individuelles Modell kann als Schleife zu den vorherigen LEGO® Serious Play®-Modellen dienen.

Zu viele Tools können für die Teilnehmer verwirrend sein, da die Gefahr besteht, dass sie sich zwischen Zoom, Bildschirmfreigabe und mehreren MURALS verlieren. Man sollte daher alles auf einem MURAL konzentrieren und gegebenenfalls die Teilnehmer zu sich rufen.

Nach dem Workshop stelle ich in einer E-Mail die Link zu einem Feedback-MURAL, um mich weiter zu verbessern und neue Erkenntnisse von den Teilnehmern gewinnen zu können.

linkedin.com/in/susanne-heiss

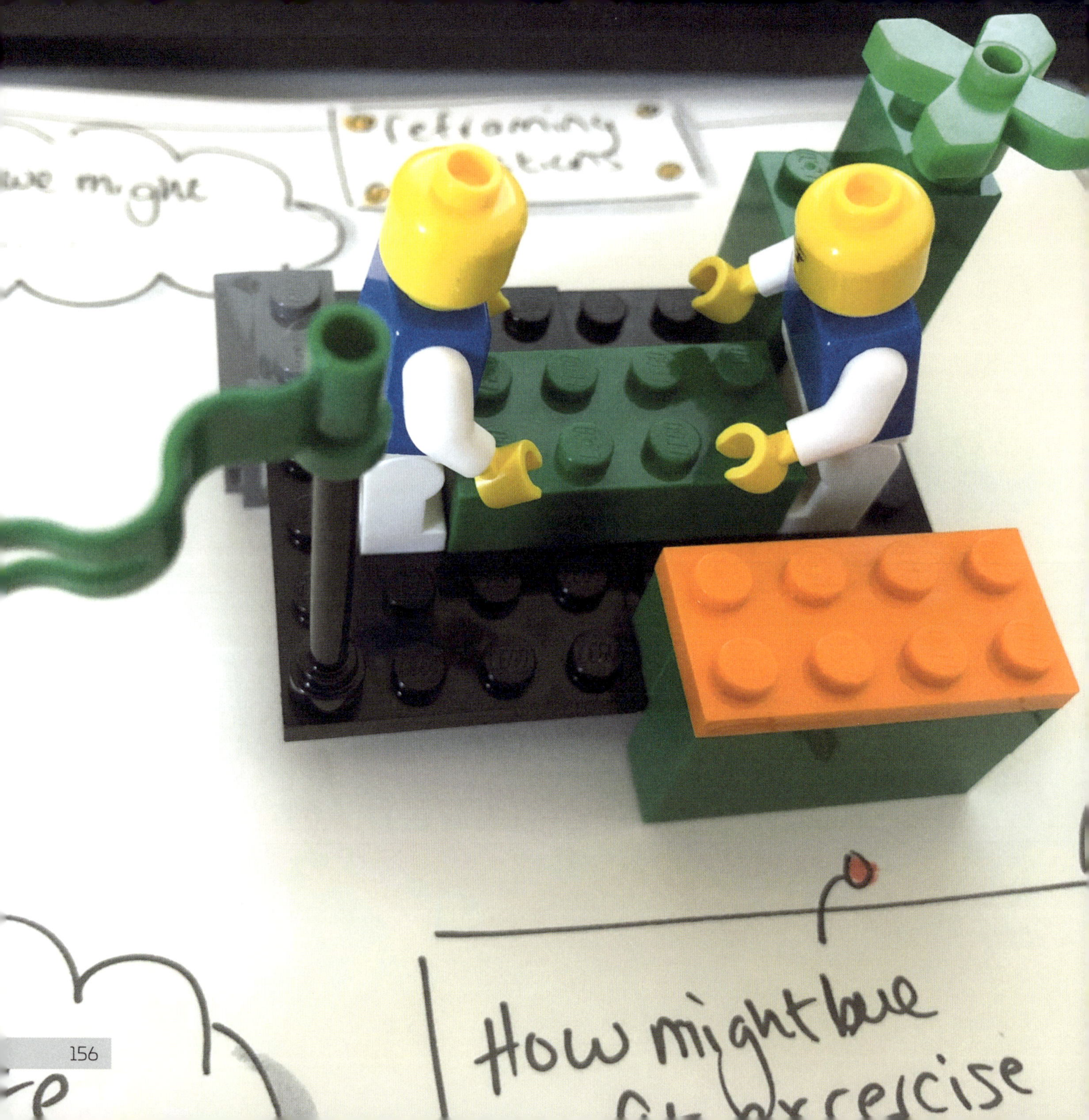

GLAUDIA CALIFANO | CO-FOUNDER BEI RED TANGERINE | VEREINIGTES KÖNIGREICH

Design Thinking grenzüberschreitend

Im Jahr 2019 habe ich die Ausbildung zum LEGO® Serious Play®-Facilitator bei Serious Work gemacht und meine neuen Skills zügig eingesetzt. In einem meiner ersten Workshops ging es darum, eine Firma auf dem Weg zu mehr Agilität zu begleiten. Weitere folgten schnell …

In einem anderen großen Workshop, den ich geleitet habe, wurde mein Unternehmen damit beauftragt, in zwei Tagen 80 Personen eine Einführung in Design Thinking zu geben. Was wäre besser geeignet gewesen, das Prinzip von Design Thinking als Geisteshaltung zu vermitteln, als LEGO® Serious Play®?

Das positive Feedback, das wir bekommen haben, deckte sich mit den lachenden Gesichtern, in die wir blickten. Wir hatten es geschafft, auf vergnügliche Art den Teilnehmern neue Perspektiven für die Problemlösung aufzuzeigen.

Inzwischen habe ich meine Workshops auf Online-Formate umgestellt. Darin zeige ich, wie LEGO® Serious Play® Design Thinking ergänzt, um das uns innewohnende kreative Potenzial zu wecken.

Die Teilnehmer sind immer wieder fasziniert davon, wie gut diese Workshops virtuell funktionieren. In dem ich sicherstelle, dass jeder die gleichen Steine hat, klare Anweisungen zum weißen Hintergrund und zur Präsentation der Modelle gebe sowie Tipps zur Webcam anspreche,gelingt es mir, ein Umfeld zu schaffen, das dem in Präsenz in nichts nachsteht.

Die Teilnehmer kommen aus aller Herren Länder. Ich schule jetzt auch Menschen aus Deutschland, USA, China, Neuseeland, Italien und Portugal. Ein positiver Nebeneffekt der Online-Kurse ist eben, dass diese für alle ortsunabhängig verfügbar geworden sind.

Meine wesentlichsten Erkenntnisse:

Wenn man LEGO® Serious Play® mit anderen Methoden kombiniert, sollte man sich vorher überlegen, was man sich davon erhofft, die Grundprinzipien beider respektieren und die jeweiligen Stärken heraus- arbeiten, damit sich die Methoden ergänzen können.

Ein kombinierter Workshop aus Design Thinking und LEGO® Serious Play® erfordert gute Tools für die Zusammenarbeit. Ich stecke inzwischen mehr Aufwand in die Auswahl der passenden Plattformen. Einige bieten auf den ersten Blick tolle Möglichkeiten, die auf den zweiten Blick mühselig sein können.

Inzwischen bevorzuge ich einfache, intuitive Tools, die leicht verständlich sind. Ich habe in guten Ton investiert und nutze ein Konferenztool, das Breakouts zulässt, ein Online-Whiteboard und nur sehr wenige Folien.

linkedin.com/in/glaudiacalifano

JOHNNY WONG | SENSE TRAINING | HONGKONG

Sozialarbeit – mehr Mitarbeit, besseres Verständnis

Ein Online-Workshop mit dem Ziel, die LEGO® Serious Play®-Methode Studenten der sozialen Arbeit näherzubringen: meine Erfahrungen

Meine Ausbildung zum „Certified Facilitator" von LEGO® Serious Play® habe ich 2015 gemacht. Ich bin Sozialarbeiter und setze die Methode seither in meiner Beratungsarbeit und in der Therapie ein. LEGO® Serious Play® unterstützt meine Klienten darin, sich besser auszudrücken, und hilft ihnen im Entscheidungsfindungsprozess.

Doch während der Pandemie war die persönliche Arbeit nicht mehr möglich. Glücklicherweise habe ich dann die Ausbildung zum Online-Facilitator entdeckt.

Im August 2020 wurde ich gebeten, einen Online-Workshop mit Studenten der sozialen Arbeit durchzuführen, um ihnen die LEGO® Serious Play®-Methode näherzubringen.

Die Studenten sollten die Einsatzmöglichkeiten der Methode in der Sozialarbeit kennenlernen. Insgesamt wurden zwei Online-Workshops für 28 Studenten durchgeführt.

Vor dem Workshop habe ich jedem Studenten ein Windows-Exploration-Kit zugeschickt. Ich habe ihnen auch erklärt, wie sie die Kamera einzustellen haben und wie sie sich eine kleine Bühne bauen.

In der Ausbildung habe ich gelernt, dass die ideale Teilnehmerzahl eines Online-LEGO® Serious Play®-Workshops sechs Personen sind. Da wir mit mehr Leuten arbeiten mussten, arbeiteten wir in Breakouts.

Im Workshop haben wir nach dem Skills Build ein Modell eines „außergewöhnlichen Fallarbeiters" gebaut. Die Studenten waren so mitgerissen, dass jeder freiwillig die Kamera eingeschaltet hat (was sie normalerweise nicht machen). Sie waren überwältigt, wie LEGO®-Steine sowohl die Kommunikation als auch die Vorstellungskraft verbessern, und Sie waren überzeugt, das sich durch die gleichen Steine und „Build-along©" effektiv eine Verbindung zwischen den Teilnehmern und dem Moderator auch auf einer Online-Plattform herstellen lässt.

Das Ergebnis war überwältigend. Jeder Student hat aktiv teilgenommen und wir konnten sowohl nützliche Techniken als auch Sorgen teilen bei der Frage nach dem Einsatz der Methode in der beraterischen Arbeit, wie z. B. dem Reden über Gefühle oder persönliche Entfremdung. Die Studenten stellten relevante und praktische Fragen, die ihr Interesse und ihre Wertschätzung widerspiegelten.

Nach dem Workshop erhielten wir viel positives Feedback von den Studenten. Viele von ihnen meinten, sie hätten sich nie vorstellen können, dass ein Online-Workshop so fesselnd sein könne.

linkedin.com/in/johnny-wong-329138139

DR TAMMY WATCHORN | ACADEMY FOR COLLABORATION | VEREINIGTES KÖNIGREICH

Vom Workshop zum Ergebnis – virtuell möglich gemacht

Die Kombination aus zwei meiner liebsten Dinge: QUBE virtual facility und LEGO® Serious Play®

Ich befasse mich schon lange mit virtueller Arbeit. Die „QUBE Enhanced Reality" habe ich vor ca. acht Jahren beim NHS eingeführt, als es darum ging, ein Innovationsprogramm zu begleiten.

Nicht jeder war für eine solche Veränderung bereit, aber ich blieb hartnäckig – auch als es darum ging, LEGO® Serious Play® in Präsenzworkshops zu nutzen. Einige taten sich sehr schwer mit der Methode: Man stelle sich einen Workshop mit 40 Gesundheitsberatern vor, die die Dinge nur auf IHRE Art machen.

QUBE und LEGO® Serious Play® lieferten erstaunliche Ergebnisse. Ich hatte schon länger damit geliebäugelt, beides zu kombinieren, es gab aber keinen Bedarf.

Dann kam die Pandemie

Wenige Wochen vor dem Lockdown im März 2020 lud mich Jo Stanford vom NHS als langjähriger QUBE-Anwender ein, eine zweitägige LEGO® Serious Play®-Session für systemisches Denken zu leiten. Angetan vom Ergebnis wurde ich erneut für den April angefragt. Dann kam der #lockdown. Dem Team fiel die Umstellung auf Remote-Arbeit relativ leicht. Es war gewohnt, mit QUBE online zu arbeiten, aber wie sollte das mit LEGO® Serious Play® funktionieren?

Die Herausforderung

Das Team konnte sich nicht auf ganztägige Workshops festlegen, da alle im Feuerwehrmodus waren und es zudem zu viele Ablenkungen gab. Aus der

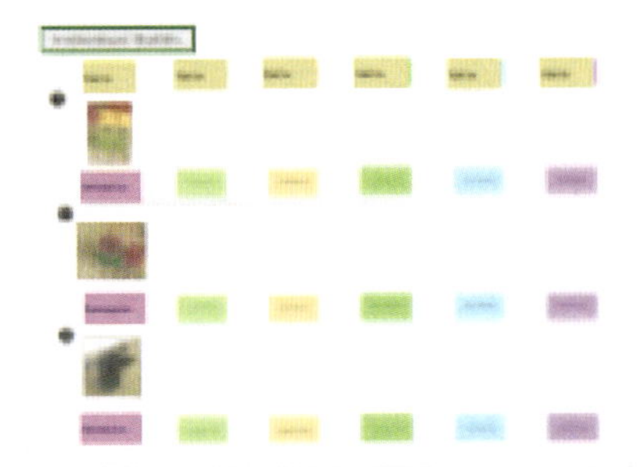

Arbeit mit QUBE weiß ich auch, dass virtuelle Workshops anstrengender und anspruchsvoller sind und in der Regel nur 2,5 Stunden umfassen.

Der Plan

Fünf Einheiten zu je 2,5 Stunden über eine Woche.

Das Risiko

Würde es schwer sein, den Schwung aufrechtzuerhalten, die Bedeutung der Modelle zu behalten und die Kreativität anzusprechen? Das Team war jedoch perfekt vorbereitet, manche kannten LEGO® Serious Play® bereits und so legten wir los.

Das Ergebnis

Durch den Einsatz von QUBE brauchten wir keine andere Software, was den Prozess vereinfachte. Dank der Avatare und 3D-Räume könnten wir uns wie in der realen Welt ansehen und autonom im Raum agieren.

Bei der Vorstellung der Modelle projizierte die QUBE-Kamera einzelne Personen auf die Leinwand. Gleichzeitig wurden Bildschirmfotos gemacht, die dann auf dem Whiteboard platziert wurden.

Am Ende der ersten Einheit hatte jeder seine Sicht der Dinge gebaut. Die Modelle habe ich dann über Nacht nachgebaut.

Der zweite Tag begann mit einer kurzen Wiederholung der Modelle, bevor sie in Kernaussagen zerlegt, dokumentiert und mit „Magic Hands©" zu einem gemeinsamen Modell verdichtet wurden.

Vor dem Beginn der dritten Sitzung wurden die einzelnen Elemente des Modells auf einem Foto von ein paar Teammitgliedern kurz zusammengefasst.

Am dritten Tag wiederholten wir die Geschichte erneut und bauten dann Einflussfaktoren. Für das Team war es packender, komplett auf dem Whiteboard zu arbeiten und Bilder der Einflussfaktoren um

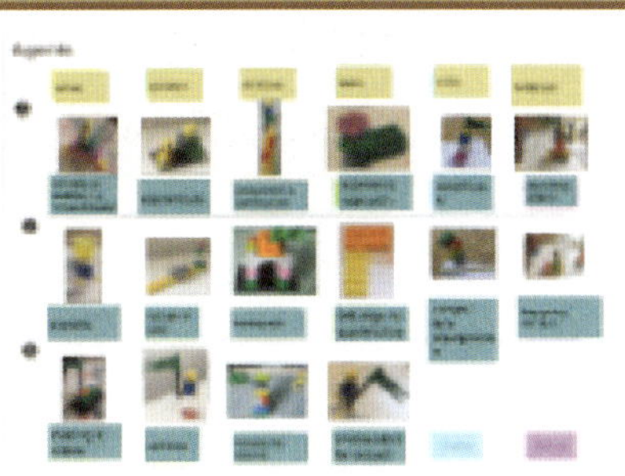

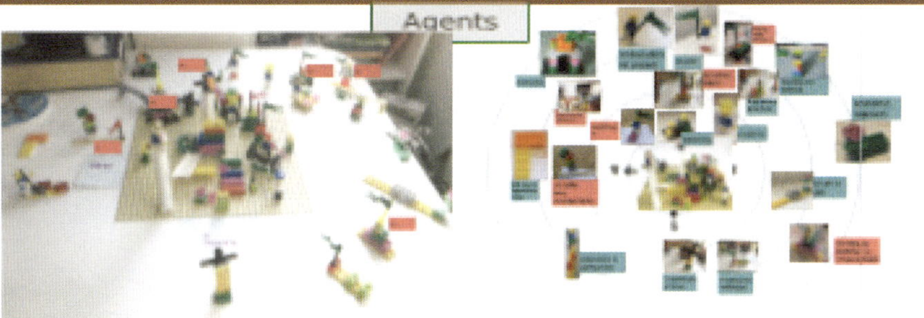

Meeting
Tools
Actions
Qubicles
Extras

ein Bild des gemeinsamen Build zu bewegen. Diese Landschaft half, Erkenntnisse und Annahmen zu überprüfen. „Magic Hands©" bildete das endgültige Modell für eine Aufnahme. Dann markierten wir die sechs Einflussfaktoren mit den größten Auswirkungen.

Am vierten Tag wurden Prioritäten und Maßnahmenpläne definiert und am fünften Tag wurde das Projekt initiiert.

Wesentlich Erkenntnisse?

Obwohl wir die Bedeutung der Modelle mehrfach wiederholten, war es durch das Nachbauen der Modelle schwerer, sich die Inhalte zu merken. Der Vorteil ABER war, dass das Modell sehr sauber und klar war (niemand konnte etwas hinzufügen, ohne es zu erklären), was hilfreich für die Abstimmung und die Übertragung in einen Maßnahmenplan war.

Der größte Vorteil dieser virtuellen Art der Arbeit ist die Kontinuität der Ergebnisse. Viele Workshops halten oft nicht, was sie versprechen. Zu leicht gehen die Ergebnisse durch die Prioritäten im Arbeitsalltag verloren oder werden verwässert.

Durch die virtuelle und zentrale Arbeitsweise konnten die Ergebnisse sofort in einen Plan gefasst und umgesetzt werden. Das LEGO®-Modell diente als Vision, auf das zurückgegriffen werden konnte, als Kommunikationsmittel für einen direkten Austausch und als Gedächtnisstütze für die vereinbarten Maßnahmen. Das ganze wurde effizient und produktiv von QUBE und dessen Projektwerkzeugen unterstützt.

Viel an Erkenntissen, Spaß und Engagement! Großer Dank geht an Jo Stanford für ihr Vertrauen, LEGO® Serious Play® und QUBE einzusetzen, und an Sean und das Team von SeriousWork für die kontinuierliche Hilfe, Unterstützung, das Mentoring und die Freundschaft.

linkedin.com/in/tammywatchorn

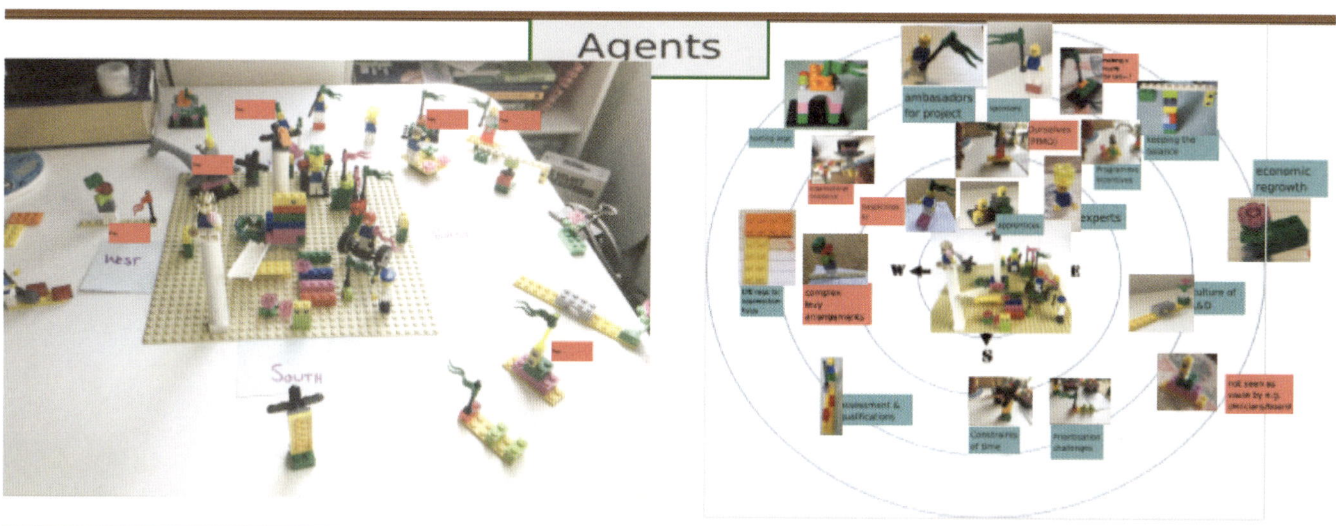

PAUL KELLY | PANDEK GROUP | VEREINIGTES KÖNIGREICH

„Magic Hands©" & „Build-along©" mit besonderem Kniff

„Magic Hands©" & „Build-along©" stellen Aktivität und Teilnahme beim Bau des gemeinsamen Modells sicher. Doch es gibt weitere Möglichkeiten, den Ansatz zu nutzen.

In meinen mehr als 15 Jahren Berufserfahrung in der Arbeit mit jungen Erwachsenen habe ich etliche neue pädagogische Konzepte entstehen sehen können. Ich beurteile den Erfolg solcher Methoden und Workshops durch etwas, das ich als „Matsch an die Mauer schleudern" bezeichne: Je mehr haften bleibt, desto besser.

Das entscheidende beim Lernen neuer Inhalte ist die Nachhaltigkeit. Klar ist, dass ein erfolgreicher LEGO® Serious Play®-Workshop neue Erkenntnisse freisetzt eine Vielzahl an neuen Ideen hervorbringt, aber wie nachhaltig ist die Erinnerung daran?

Der Genfer Philosoph Jean-Jacques Rousseau vertrat den Ansatz, dass Lerninhalte relevant sein sollten und Erkenntnisgewinn in einem sinnvollen Kontext stattfinden müsse. Das gemeinsame Modell entspricht genau dieser Idee: Erkenntnisse entstehen durch Begleitung und Führung im Rahmen eines aktiven Lernprozesses mithilfe von LEGO® Serious Play®. Das „Cambridge International Education Teaching and Learning Team" definiert aktives Lernen sinngemäß als:

„Aktives Lernen basiert auf der Theorie des Konstruktivismus. Diese besagt, dass Lernende ihr eigenes Verständnis über eine Sache konstruieren oder erschaffen. Konstruktivisten argumentieren, dass Lernen ein Prozess des ‚Sinngebens´ sei. Lernende nutzten ihr vorhandenes Wissen, um tiefere Verständnisebenen zu erreichen. So seien sie besser in der Lage, Informationen zu analysieren, zu bewerten und zu vernetzen (und so das höchste Lernziel der Taxonomie nach BLOOM zu erreichen)."

„Build-along©" bindet alle Teilnehmer ein, ist aber möglicherweise nicht für alle gleichermaßen gut geeignet. Für manche stellt es eine Herausforderung dar, auf die „Magic Hands©" zu achten, die Position der Elemente auf der eignen Platte zu finden und so das Modell parallel nachzubauen.

Diese Ablenkung kann dazu führen, dass Teilnehmer die wahre Bedeutung des Modells nicht vollständig verstehen. Auch tragen sie nicht zum Gruppenergebnis bei, da sie damit beschäftigt sind, Steine zu finden oder Teile zusammenzusetzen, die während der Auf- und Umbauten auseinandergefallen sind.

WEST
SOUTH
Build a model to show the mindset(s) of a truly great facilitator?

Wie also kann das „Magic Hands©"- und „Build-along©"-Vorgehen die am gemeinsamen Modell Beteiligten sonst noch darin unterstützen, sich die gemeinsamen Erkenntnisse und Informationen länger einzuprägen?

Aber der Reihe nach: Nach dem Bau des individuellen Modells bittet der Facilitator die Teilnehmer, die Steine zur Seite zu legen und seine Hände zu steuern. Das gemeinsame Modell entsteht also ausschließlich per „Magic Hands©".

Haben sich alle auf das gemeinsame Modell verständigt, macht der Facilitator Fotos von dem Modell aus verschiedenen Perspektiven. Diese werden auf MURAL hochgeladen und mit der Gruppe geteilt.

Das Vorstellen der endgültigen Fotos bildet einen gelungenen Abschluss des gemeinsamen Modells. Eine schöne Möglichkeit, „mehr Matsch haften zu lassen" (bzw. die Ergebnisse besser zu verinnerlichen), ist, dass alle gemeinsam das Modell im Plenum nachbauen.

Dafür sollte man ca. 15 Minuten Zeit einplanen – abhängig von der Komplexität des gemeinsamen Modells und den Fähigkeiten –, in denen jeder das gemeinsame Modell nachbaut.

Zugegeben, ein etwas merkwürdig anmutender Kniff, der aber dabei helfen soll, die Erkenntnisse zu verfestigen. Während die Teilnehmer das Modell live vor der Webcam nachbauen, lässt man sie die Geschichte gleichzeitig erzählen und die Bedeutung der Elemente wiedergeben.

Für mich liegt ein weiterer Vorteil von LEGO® Serious Play® Online darin, dass die Teilnehmer sowohl durch „Build-along©" als auch das Nachbauen im Nachhinein am Ende des Workshops eine eigene Kopie des Modells erhalten, die sie behalten können.

Der amerikanische Philosoph, Psychologe und Bildungsreformer John Dewey knüpfte im 20. Jahrhundert an die Theorien Rousseaus an. Die von ihm veröffentlichte Studie zeigte, dass Menschen Gelerntes am besten behalten, wenn sie den Nutzen für sich erkennen und es mit der realen Welt verknüpfen können.

Das beste Beispiel für Wissen, das verankert wird, ist ein gemeinsames Modell, das der Teilnehmer selbst gebaut und in den eigenen Kontext gestellt hat und das am Ende der Veranstaltung in seinem Besitz bleibt.

Dieser kleine Kniff führt über den Umweg von „Magic Hands©" zu „Build-along©", aber ohne das Risiko von Stress und Ablenkung.

in linkedin.com/in/paul-kelly-3662a1163/

Anmerkung des Autors: Paul hat diese Idee während seiner zweitägigen Online-Ausbildung vorgestellt, die unmittelbar vor dem geplanten Erscheinungsdatum dieses Buches lag. Wir hatten daher noch keine Gelegenheit, seinen Ansatz zu testen. Er erscheint uns aber schlüssig und ist ein schönes Beispiel dafür, wie man Bestehendes verwenden und für seine Zwecke anpassen kann.

Kapitel 10

Zum Schluss …

Der Weg zur Meisterschaft ...

In diesem Buch haben wir bestmöglich dargelegt, wie LEGO® Serious Play® online funktioniert. Ist es jedoch klug, all unsere Ideen und Ansätze so bereitwillig zu teilen? Wir denken, ja.

In dem kleinen, überschaubaren Markt der Anbieter für LEGO® Serious Play®-Ausbildungen können wir uns als einer der großen bezeichnen und dieses neue Buch unterstreicht unseren Anspruch, den Goldstandard für die Ausbildung zum **Facilitator** der Methode zu setzen.

Auch wenn wir das Urheberrecht für die vorgestellten Methoden für Online-LEGO® Serious Play® beanspruchen, liegt das wirklich wertvolle geistige Eigentum (IP) in unserem Geschäft an anderer Stelle.

Der Formel-1-Pilot Lewis Hamilton hält den Weltrekord für die meisten Polepositions, aber angenommen, er würde ein Buch darüber schreiben, wie man auf die Pole kommt, wäre man dennoch nicht in der Lage, einen Formel-1-Wagen zu steuern. Dazu benötigt man einen guten Lehrer und viel Übung während der Ausbildung.

Genau diese Art von Ausbildung ist unsere IP. Wir haben einen komplett anderen, effektiveren Weg entwickelt, wie wir die Inhalte unserer Bücher praxisorientiert vermitteln. Es gibt nichts Vergleichbares.

Es freut uns, wenn Sie unsere Offenheit, unser Wissen zu teilen, erkennen. Die gleiche Offenheit erleben Sie auch in unseren Ausbildungen, denn erfahrungsbasiertes Wissen (Learning by Doing) vermittelt mehr Erkenntnisse als das Lernen als reiner Konsument.

Gerne geben wir unser Wissen in einer Ausbildung an Sie weiter. Wir freuen uns auf Sie!

Online-Upgrade

Als bereits zertifizierter LEGO® Serious Play® Facilitator besteht für Sie die Möglichkeit, an einem eintägigen Upgrade-Training teilzunehmen, unabhängig davon, bei wem Sie die Ausbildung absolviert haben. Hier lernen und erleben die Sie die Techniken, die in diesem Buch vorgestellt werden. Einzige Voraussetzung: „Leg Godt".

Online-Ausbildung

Als Neuling in der Methode vermitteln wir Ihnen die notwendigen Techniken für die Online-Facilitation von LEGO® Serious Play® in einem Zweitageskurs, in dem Sie in die Rolle des Facilitators schlüpfen und Hands-on durch den Prozess führen.

Selbstverständlich besteht auch die Möglichkeit der Präsenzausbildung zum LEGO® Serious Play®-Facilitator. Hier vermitteln wir die Skills, die benötigt werden, um in Präsenz ein gemeinsames Modell zu facilitieren, denn diese weichen von den Online-Skills ab.

Wenn Sie also wirklich lernen wollen, wie LEGO® Serious Play® Online funktioniert, ab zu den Kursen:

www.serious.global/shop

Drei Leitsätze

Dieses Buch ist voller Informationen und Ideen. Von all diesen sollten Sie nach dem Lesen (oder Durchblättern) drei wesentliche Erkenntnisse für sich mitnehmen:

1. Der Erfolg definiert sich in der Planung.

Es ist wie beim Landen eines Flugzeugs: Das Entscheidende ist der Anflug, nicht der Moment, in dem die Räder die Landebahn berühren. All die wichtigen Dinge passieren in dem Zeitraum VOR der eigentlichen Landung.

Das Fliegen ist der Facilitation sehr ähnlich. Mit dem falschen Anflug aufs Ziel ist das Scheitern, vor allem mit dem Facilitator als Piloten, vorprogrammiert.

Ich möchte eine wahre Begebenheit mit Ihnen teilen: Vor ein paar Jahren leitete ich einen Strategieworkshop für ein wohltätiges Unternehmen. Am Ende der Veranstaltung kam der Vorsitzende auf mich zu und dankte mir überschwänglich für die gute Arbeit.

Ein paar Tage später klingelte mein Telefon.

„Sean“, begann er in einem ernsthaften Ton, *„ich muss revidieren, was ich zu dir gesagt habe.“*

Mein Herz setzte aus (und begann zu rasen) und ich dachte bei mir: *„Oh nein, was ist passiert?“*

Dann sagte er: *„Ich möchte, dass du weißt, dass ich dich mehr liebe, als es deine Mutter tut.“*

Es stellte sich heraus, dass der Workshop tatsächlich die Hauptprobleme seiner Organisation lösen konnte und sie einen echten DURCHBRUCH erzielt hatten.

Ich hatte einen erstklassigen Workshop abgeliefert. Der Erfolg aber stellte sich bereits vorher ein: Weil ich mir die Zeit genommen hatte, das Problem, die Kultur und die Strömungen zu verstehen, konnte ich so auf ihre Bedürfnisse perfekt reagieren.

UND online ist die Vorbereitung sogar noch wichtiger!

2. Folge den Teilnehmern, nicht dem Prozess.

Jeder, mit dem wir gearbeitet haben, weiß, dass wir echte Planungsfreaks sind, denn hier liegt der Erfolg!

Jetzt könnte man meinen, dass wir nach all der Planung stoisch an unserem Plan festhielten. Falsch. Wenn wir merken, dass Teilnehmer in dem Moment etwas anderes benötigen, passen wir das geplante Vorgehen ohne zu zögern an die Bedürfnisse an.

Ich möchte an dieser Stelle eine weitere wahre Begebenheit teilen: Vor etlichen Jahren habe ich einen zweitägigen Workshop für 100 Schulleiter geleitet. Einer der Auftraggeber war ein wunderbarer, weiser älterer Herr namens David Jackson.

Am Ende des Workshops machten wir eine Nachbesprechung und Davids Feedback an mich war: *„Sean, es gibt Zeiten, in denen du den Menschen folgen solltest, nicht Deinem Drehbuch.“*

Mir wurde schnell bewusst, dass es in den vergangenen zwei Tagen Momente gegeben hatte, in denen ich genau das falsch gemacht hatte.

Diese Lektion ist seither zu einem unserer Leitsätze geworden und ich empfehle jedem, diesem zu folgen.

3. Das Modell steuert das Gespräch.

Als Trainer, die die Moderationspraxis in den Mittelpunkt der Ausbildung stellen, haben wir VIELE Gelegenheiten, zuzuschauen. Das ist eine sehr vorteilhafte Position, in der wir Tausende Stunden der LEGO® Serious Play®-Faclitation beobachten durften. Wir kennen also die gruppendynamischen Prozesse.

Es gibt diesen einen wiederkehrenden Moment beim Bau des gemeinsamen Modells. In diesem verfällt die Gruppe oft in Konversation und es gibt wenig oder keine Interaktion mit den Modellen. Manchmal messen wir die Dauer des Gesprächs mit einem Timer.

Während die Zeit läuft, können wir beobachten, wie die Energie abnimmt, sich die Körpersprache verändert und der Blick abschweift. Ab jetzt befinden sich die Teilnehmer nicht mehr in einem LEGO® Serious Play®-Workshop, sondern in einem klassischen Meeting.

Ein weiterer Leitsatz, den man sich aneignen sollte, ist also: „Das Modell steuert das Gespräch." So kommt man IMMER wieder zum Thema zurück:

Auf der Suche nach Gemeinsamkeiten: Wo FINDE ich diese im Modell?

Auf der Suche nach einzelnen Erkenntnissen: Wo FINDE ich diese im Modell?

Eine Aussage sollte entfernt werden: Wo FINDE ich diese im Modell?

etc.

Drei Leitsätze, die man sich merken sollte:

1. Erfolg definiert sich in der Planung.

2. Folge den Teilnehmern, nicht dem Prozess.

3. Das Modell steuert das Gespräch.

Interaktiv gestalten

Haben wir einen Leitsatz vergessen? Dann bauen Sie ein Modell davon, fassen es in weniger als sechs Worten zusammen und twittern es an mich.

Danke, dass Sie unser Buch gekauft haben. Wir wünschen Ihnen viel Erfolg für Ihre eigenen professionellen #onlineLSP-Meetings und -Workshops!

@SeriousWrk @ProMeetings

Kapitel 11

Anhänge

#A1. Beispieldrehbuch

Beispieldrehbuch

Wer unsere anderen Bücher gelesen hat[1], kennt unser Vorgehen bei der Planung eines Workshops. Weitere sechs Beispieldrehbücher finden sich im Buch SERIOUSWORK und zwei im Buch MASTERING LEGO® Serious Play®.

Auch hier wollen wir dem Leser Hilfestellung geben und zeigen, wie die Planung für einen Online-Workshop funktioniert.

Interessanterweise sollte der vorgestellte Workshop eigentlich im Juli 2020 in Präsenz stattfinden. Nach gut sechs Monaten im Homeoffice wollte das Team unbedingt in „echt" zusammenarbeiten. Darauf entstand der erste Entwurf dieses Plans.

Im September stiegen die Fallzahlen wieder an und der Kunde wollte den Workshop nun doch online durchführen.

Ohne unsere Expertise als Pioniere in LEGO® Serious Play® Online wäre der Workshop nicht möglich gewesen.

Dieses reale Beispiel ist der Grund, warum wir glauben, dass man viele Absolventen anderer Ausbildungen im Regen stehen ließ, als deren Trainer ihnen sagten, Online-LEGO® Serious Play® sei nicht möglich.

[1] Vgl. **www.serious.global/read/**, **www.vahlen.de** oder im Buchhandel.

Gruppengröße

Da der Workshop für zwölf Personen geplant war, übernahm einer unserer Absolventen die Moderation eines gemeinsamen Modells im Breakout. Zunächst war auch ein Meta-Modell im Gespräch (vgl. Seite 139), wir entschieden uns dann aber, die Zeit effektiver für andere Themen zu nutzen.

Der Vollständigkeit halber

Der Name des Kunden wurde anonymisiert und ein generischer Name gewählt. Außerdem wurden die Angaben zu dessen zukunftsweisender Vision 2023 entfernt.

Nach der Definition der Simple Guiding Principles als Leitsätze, haben wir erarbeitet, wie diese zu bestehenden Führungsprinzipien passen. Auch diese Informationen können wir leider nicht teilen.

Der Unterschied zur Präsenzveranstaltung

Der Hauptunterschied liegt in der Vorbereitungszeit, die sehr viel länger ist.

Auf der anderen Seite muss man nicht einen Tag vorher anreisen und am Tag darauf wieder abreisen. Bei 800 nicht gefahrenen Kilometern und acht Stunden gesparter Reisezeit also ein fairer Deal.

Viel Spaß beim Lesen dieses Drehbuchs!

Übergreifendes Ziel
Das Managementteam wird proaktiv in der Unterstützung von Remote-Teams.

Zwischenziele

Die Teilnehmer kennen LEGO® Serious Play® als Mittel zur Verbesserung der Kommunikation.

Die Teilnehmer lernen mehr über sich kennen – Formen des Teamgeists.

Die Teilnehmer haben ein gemeinsames (wiederholtes) Verständnis der Vision 2023 als Basis für das folgende Ziel.

Das Team hat eine Vision als „Pionier“ und entsprechende Mitarbeitererlebnisse identifiziert.

Die Teilnehmer haben reflektiert, was diese Ideen für sie als Führungskräfte bedeuten.

Sie haben daran gearbeitet, ein vertrauensvolles und leistungsstarkes Team zu werden.

Die Teilnehmer haben Leitsätze in Form von Simple Guiding Principles identifiziert, um als Führungskräfte Pioniere innerhalb des globalen Teams zu werden.

Das Team hat kleine Schritte und längerfristige Maßnahmen auf dem Weg zu einem leistungsstarken Team geteilt und die Verantwortung übernommen.

Übergreifendes Ziel **Das Managementteam wird proaktiv in der Unterstützung von Remote-Teams.**			
Zeit	Einheit	Ziel	Ablauf
Vorab	**Techniktest**		Vor dem Workshop - Steine versenden (& Bücher?) – ERLEDIGT - Videokonferenzplattform wählen – ERLEDIGT - Anleitungen-Set-up versenden – ERLEDIGT - 10 Min. Techniktest mit jedem Teilnehmer – ERLEDIGT - Zoom/Mural Skills Build durchführen – ERLEDIGT - Zoom-Einladungen versenden – ERLEDIGT - Breakouts zuweisen – ERLEDIGT - Folien – ERLEDIGT
9:00	**Begrüßung & Ziele**		Bill – Willkommen & Workshopziele
9:03	**Fahrplan und Arbeits-hypothesen**		Sean und Andrew
9:06	**LEGO® Serious Play® Skills Build 1&2**	**Die Teilnehmer können die drei Arten der Kommunikation anwenden.**	Andrew: Skills 1: technische Skills Sean: Skills 2: Steine als Metaphern – aktives Zuhören

9:35	**LEGO® Serious Play® Skills Build 3**	**Die Teilnehmer haben ein besseres Verständnis davon, was sie auszeichnet – verbunden mit einer sozialen Aktivität.**	Sanfte Einführung – Johari-Fenster (anmerken, dass Teilnehmer nicht über die Schmerzgrenze gehen sollen) Skills 3: Storytelling Baue ein Modell, das Deinen Traumurlaub beschreibt ... Teilen > fotografieren Auf MURAL hochladen
9:55	**Pause**		
10:05	**Vision 2023**	**Dem Team ist die Vision der Gruppe 2023 in Erinnerung gerufen worden, diese dient als Basis für den kommenden Workshop.**	Bill – 5 Min. Vorstellung & bei Bedarf 5 Min. Fragen

10:10	**Das Team als Pionier**	**Das Team hat eine Vision als „Pionier“ und entsprechende Mitarbeiter-erlebnisse identifiziert.**	Einleitung: Wer Veränderung begreift, nutzt Veränderung, um Veränderung anzustoßen ... 5 Min. im Plenum – gemeinsames Modell: ÜBERBLICK über das Vorgehen Die folgende Übung befasst sich mit Visionsarbeit: ein Blick in die Zukunft, nicht INS BLAUE. Wie kann sich das Team selbst organisieren? Stellt Euch vor, es ist Oktober 2022, zwei Jahre in der Zukunft. **Ihr seid Pioniere und Eure Firma hat es auf das Cover des WIRED-Magazins geschafft**. Ihr werdet dafür bewundert, ein leistungsfähiges Team zu führen, das sich nach Corona nicht nur gut entwickelt hat, sondern die erzwungenen Veränderungen genutzt hat, um neue Praktiken und eine neue Teamkultur einzuführen. Definition von Pionier = furchtlos, flexibel, kreativ Ab jetzt Teilen der Gruppe in zwei Hälften

10:15	**Indi-viduelles Modell**	Das Team hat eine Vision als „Pionier“ und entsprechende Mitarbeitererlebnisse identifiziert.	Jeder baut für sich – 3 Min. maximal. **Baue ein Modell, das aussagt, was dieses Team in zwei Jahren auszeichnet.** - Was zeichnet dieses Team aus? - Was macht es so einzigartig? - Was macht es anders? - Was ist das Geheimnis seines Erfolgs? - Was trägt zu dem Team bei? - Was unterscheidet die Vision vom heutigen Zustand? Teilen, Recap **Reflexionsfragen** Was war besonders auffällig? Welche Gemeinsamkeiten gab es? Über was lohnt es sich bereits jetzt, nachzudenken?
10:35	**Gemein-sames Modell SCHRITT 1**	Das Team hat eine Vision als „Pionier“ und entsprechende Mitarbeitererlebnisse identifiziert.	**Fotografieren, zerlegen, hochladen, priorisieren, zusammenfassen** Sobald MURAL vollständig (10 bis15 Min.): Nachbau in ca. 10 Min.
11:00	**Pause**		

11:15	**Gemein-sames Modell SCHRITT 2**	Das Team hat eine Vision als „Pionier“ und entsprechende Mitarbeitererlebnisse identifiziert.	Im Plenum: „Magic Hands©“- und „Build-along©“-Vorgehen erklären, dann in Breakouts **ANDREW: Session im Breakout AUFZEICHNEN** **Baue ein gemeinsames Modell, das aussagt, was dieses Team in zwei Jahren auszeichnet.** Sean & Andrew: Ende abstimmen über WhatsApp ...
12:00	**Plenum**	**Die Teilnehmer kennen beide Geschichten ...** Das Team hat eine Vision als „Pionier“ und entsprechende Mitarbeitererlebnisse identifiziert. **UND** die Teilnehmer haben reflektiert, was diese Ideen für sie als Führungskräfte bedeuten.	Videos aufzeichnen, Bilder von beiden Modellen, Beschreibung hinzufügen **Reflexionen – in Breakouts – 5 Min.** **1. Welche Ideen können als Pioniertat bezeichnet werden** (die vom XY-Team übernommen werden können) und was macht diese wirklich besser? **2. Inwieweit unterscheiden sich die Ideen von heute?** 3. Welche **Erlebnisse für den Mitarbeiter** ergeben sich hieraus? **4. Was bedeuten diese Erkenntnisse für Euch als Führungskräfte?** 5. ALLE: Welche konkreten Schritte sollten jetzt gegangen werden? (IN EINEM Satz! – Teilen)
12:30	**Mittag**		Sean & Andrew: fotografieren der finalen Modelle, hochladen auf MURAL und zusammenfassen.

13:15	**Leistungs-starke Teams 1** **Das ver-borgene Ich**	**Das Team hat Vertrauen und Verständnis füreinander.**	Vorstellen der finalen MURALS Einleitung: Johari-Fenster: In den letzten sechs Monaten haben wir bereits viel von unserem wahren Ich gezeigt, denn die Arbeit im Homeoffice hat die Maske, die wir im Büro unbewusst aufsetzen, aufgeweicht ... Leistungsfähige Teams sind Teams, die sich vertrauen. Das kann man sich in etwa wie ein erfolgreiches Formel-1-Team vorstellen. Derzeit ist das Mercedes! Die Mitglieder dieser Teams sind reflektiert, kennen ihre Grenzen und sind verlässlich. Sie lernen aus ihren Fehlern und sind daran interessiert, ihre blinden Flecken auszuleuchten. **Baue ein Modell, das aussagt, wer Du wirklich bist.** ERLÄUTERUNG: Baue Dinge ein, die wir nicht über Dich wissen und uns helfen, Dich besser kennenzulernen. Was sind Deine Überzeugungen? Was bringt Dein Herz zum Glühen? Was macht Dich wütend? Aus tiefstem Herzen – wer bist Du? Bitte gehe an die Grenzen Deiner Offenheit (oder auch darüber hinaus)!

XY Firma – Führungskräfteworkshop | 8. Oktober 2020 | ONLINE | 12 Teilnehmer | Version 4.1 **SERIOUSWORK**

13:45	**Leitsätze – Simple Guiding Principles**	**Die Teilnehmer haben Leitsätze in Form von Simple Guiding Principles identifiziert, um als Führungskräfte „Pioniere“ innerhalb des globalen Teams zu werden.**	LEITSÄTZE sind ... grundlegende Wahrheiten, die als Fundament für ein Glaubenssystem dienen ... die eine Organisation während ihrer gesamten Existenz leiten ... unter allen Umständen ... unabhängig von Änderungen ihrer Ziele, Strategien, der Art der Arbeit des Topmanagements. SERIOUSWORK **Boids** Die Bezeichnung beschreibt zu simulierende Objekte in einem bahnbrechenden Künstliches-Leben-Programm, das 1986 von Craig Reynolds entwickelt wurde, um das **Schwarmverhalten von Vögeln** zu simulieren. Boid-basierende Modelle stellen eine Form von emergentem Verhalten dar, das heißt die Komplexität des Modells ergibt sich aus der Interaktion der einzelnen Agenten (in diesem Fall den Boids), die einem einfachen Regelwerk folgen. In der einfachsten Variante gelten folgende Regeln: - **Separation:** Wähle eine Richtung, die einer Häufung von Vögeln im gleichen Schwarm entgegenwirkt. - **Angleichung:** Wähle die mittlere Richtung der benachbarten Vögel im Schwarm. - **Zusammenhalt:** Wähle eine Richtung, die der mittleren Position der benachbarten Vögel entspricht. **Baue das Modell eines Leitsatzes, eines Simple Guiding Principle, das jedes Mitglied des Führungsteams nutzen kann, um sich in den alltäglichen Taten und Entscheidungen leiten lassen zu können.** Teilen > fotografieren > hochladen > abstimmen

14:15	**Pause**		
14:30	**Was nun? Maßnahmen und Verant-wortlich-keiten**	**Das Team hat kleine Schritte und längerfristi-ge Maßnahmen auf dem Weg zu einem leistungs-starken Team geteilt und die Verantwortung übernommen.**	Auf selbst gemachte Moderationskarten schreiben lassen – mit dem Smartphone fotografieren – teilen + Kleine Maßnahme morgen + 30 Tage + 60 Tage
15:00	**Erkenntnisse**		Welche wesentlichen Schritte für Euren individuellen und gemeinschaftlichen Erfolg nehmt Ihr heute für Euch mit? Jeder für sich, dann Breakout, dann Plenum
15:30	**Abschluss**		

#A2. Hinweise zum Download der Set-up-Guides als PDF

Hinweise zum Download

Auf der folgenden Seite ist dargestellt, wie das PDF des Set-up-Guides (vgl. Seite 24 bis 37) und die Folien für das Plattform-Skills-Build (vgl. Seite 67 bis 87) heruntergeladen werden können.

Diese Vorlagen können frei unter Nennung der Quelle verwendet werden, ohne selbst die Inhalte des Buches abschreiben oder fotokopieren zu müssen.

Ihre Teilnehmer werden es Ihnen danken, wenn Sie die Anleitungen vorab erhalten.

Wer unsere anderen Bücher SERIOUSWORK und MASTERING gelesen hat, hat vielleicht schon die zusätzlichen Ressourcen und Vorlagen heruntergeladen.

Diejenigen haben sich schon bei uns registriert. Die **neuen** Vorlagen können Sie über Ihren Login beziehen: serious.global/membership/account/settings

Klicken Sie auf **„I have bought and read ONLINE"**,

dann auf den **„Go to members download page"**-Link.

Sie werden auf die Downloadseite weitergeleitet.

Wenn Sie noch kein Konto bei serious.global haben, gehen Sie bitte auf serious.global/online-downloads und erstellen Sie Ihr kostenloses Konto, um das PDF und die Folien herunterzuladen.

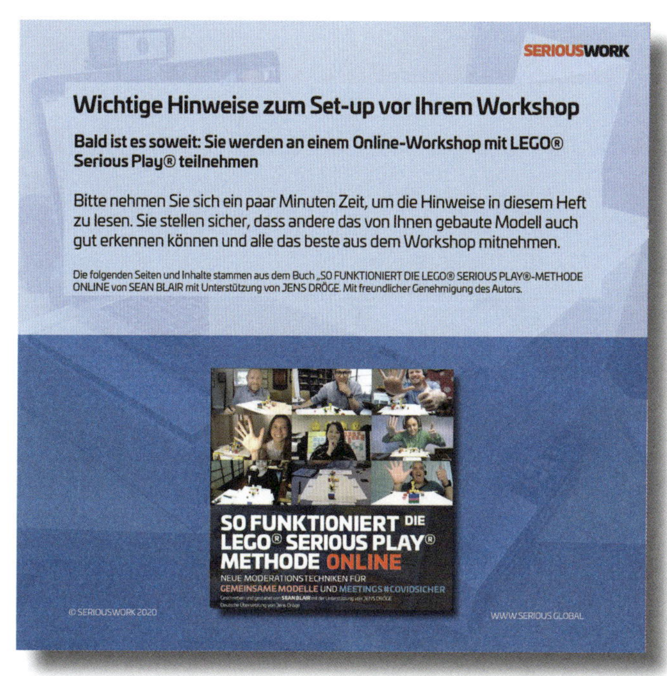
SERIOUSWORK

Wichtige Hinweise zum Set-up vor Ihrem Workshop

Bald ist es soweit: Sie werden an einem Online-Workshop mit LEGO® Serious Play® teilnehmen

Bitte nehmen Sie sich ein paar Minuten Zeit, um die Hinweise in diesem Heft zu lesen. Sie stellen sicher, dass andere das von Ihnen gebaute Modell auch gut erkennen können und alle das beste aus dem Workshop mitnehmen.

Die folgenden Seiten und Inhalte stammen aus dem Buch „SO FUNKTIONIERT DIE LEGO® SERIOUS PLAY®-METHODE ONLINE von SEAN BLAIR mit Unterstützung von JENS DRÖGE. Mit freundlicher Genehmigung des Autors.

SO FUNKTIONIERT DIE LEGO® SERIOUS PLAY® METHODE ONLINE

NEUE MODERATIONSTECHNIKEN FÜR GEMEINSAME MODELLE UND MEETINGS #COVIDSICHER

© SERIOUSWORK 2020

WWW.SERIOUS.GLOBAL

#A3. Unsere Referenzen: ein Überblick

Wir sind die Autoren DER Bücher
Wir kommen aus der Praxis
Wir besitzen globale Perspektive, Erfahrung und Reichweite

SERIOUS WORK
MEETINGS UND WORKSHOPS MIT DER LEGO® SERIOUS PLAY®-METHODE MODERIEREN
MIT FALLBEISPIELEN ZU:
FINDEN EIGENER ZIELE
TEAMBUILDING
BRAINSTORMING
WERTEN UND VERHALTEN
GEMEINSAMER VISION
SEAN BLAIR, MARKO RILLO & PARTNER
ÜBERSETZT VON JENS DRÖGE

SERIOUS WORK
DIE LEGO® SERIOUS PLAY®-METHODE SPIELEND MEISTERN
44 Techniken und Tipps
FÜR ERFAHRENE LEGO® SERIOUS PLAY®-FAZILITATOREN
Geschrieben und entwickelt von SEAN BLAIR
Deutsche Übersetzung von JENS DRÖGE

SEAN BLAIR IN ZUSAMMENARBEIT MIT JENS DRÖGE
SO FUNKTIONIERT DIE LEGO® SERIOUS PLAY®-METHODE ONLINE
NEUE MODERATIONSTECHNIKEN
FÜR GEMEINSAME MODELLE IM REMOTE-MODUS
VAHLEN

Wir sind die Autoren DER Bücher

SERIOUSWORK

Unser erstes Buch „**SERIOUSWORK - Meetings und Workshops mit der LEGO® Serious Play®-Methode moderieren**" hat mehrere 5*-Bewertungen bei Amazon und ist das erste Anwenderhandbuch über die Methode. Das Buch ist auf Englisch, Deutsch, Spanisch (und bald auf Kantonesisch und Koreanisch) erhältlich und ist das Standardwerk, wenn es um die grundlegende Facilitation von LEGO Serious Play geht.

Mit einem Schnitt von 4,4 bei 71 globalen Bewertungen ist es das am zweithöchsten benotete Buch über LEGO® Serious Play®. Nur eines ist noch höher bewertet: unser zweites Buch.

MEISTERN

Unser zweites Buch „**Die LEGO® Serious Play®-Methode spielend MEISTERN – 44 Techniken & Tipps für ausgebildete Facilitatoren**" erscheint im Herbst 2021 auf Deutsch und bietet viele nützliche Hinweise.

Im Original im März 2020 erschienen, schließt das Buch an SERIOUSWORK an und definiert die Facilitation der Methode neu. Es legt zudem einen starken Fokus auf den Bau gemeinsamer Modelle.

Die Bewertung von 4,7 auf Amazon zeigt, dass wir mit dem Fokus auf professionelle Facilitation einen Standard setzen konnten. Im August 2020 war das Buch das am höchsten bewertete zum Thema.

ONLINE

Das vorliegende Buch „**So funktioniert die LEGO® Serious Play®-Methode ONLINE**" entstand als Reaktion auf die Herausforderungen der globalen Pandemie für die Zusammenarbeit. Es zeigt vollkommen neue Ansätze, wie Menschen grenzüberschreitend mit LEGO® Serious Play® Ergebnisse erzielen können.

Das Buch verschiebt die Grenzen des bisher für möglich Geglaubten durch Vorgehensmodelle, die auch nach der Pandemie Gültigkeit haben. Online-LEGO® Serious Play® ist eine klimafreundliche Alternative, um Menschen aus der ganzen Welt zusammenzubringen. Das macht uns zu den Pionieren in #onlineLSP.

Die Zeit wird es zeigen, aber wir glauben, das ist unser bisher bestes Buch.

BREAKTHROUGH

Es kommt vor, dass eine Firma, die nicht zwingend die erste am Markt war, eine Branche revolutioniert. Es war nicht unsere Absicht, genau das zu tun – wir sind nur unserem Ziel gefolgt, Leute zu besseren Facilitatoren zu machen, und weil wir nicht davon abgelassen haben, haben wir unabsichtlich den Markt für LEGO® Serious Play®-Ausbildungen durcheinandergewirbelt und Bestehendes verbessert.

Wir kommen aus der Praxis

Wir sind nicht nur Ausbilder, sondern auch professionelle Facilitatoren. Unter Serious.Global bilden wir aus, aber jeder von uns hat noch seine eigene Praxis.

Dieser Unterschied ist wichtig, denn in erster Linie sind wir Anwender der Methode.

ProMeet – professionelle Workshops

Sean bietet seine Workshops unter ProMeet an, Jens unter jensdroege.de.

Zu den Kunden gehören Führungskräfte und Teams aus Firmen wie z. B. HSBC, Pfizer, Cathay Pacific, Microsoft, Google Deep Mind, Cisco, Citi Group, Medtronic, Astra Zenica, Denso Automotive, Lloyds Bank, Shell, The Cleveland Clinic Abu Dhabi, The InterAmerican Development Bank, Bosch und Coca-Cola sowie viele kleinere und mittlere mittelständische Unternehmen und Organisationen.

Fallstudien über den Einsatz von LEGO® Serious Play® bei unseren Kunden sind nachlesbar auf: meeting-facilitation.co.uk/lego-serious-play-london/

Praxiserfahrung – unsere Grundüberzeugung

Praxiserfahrung steht bei uns über allem. Das ist unser Leitsatz, insbesondere in der Ausbildung.

Da wir in erster Linie Facilitatoren und erst in zweiter Linie Ausbilder sind, ist alles, was wir vermitteln, in der Praxis bewährt. So können wir auf eine Vielzahl von Erfahrungen zurückgreifen, um unseren Teilnehmern all ihre Fragen zu beantworten.

Lernen auf dem „Fahrersitz"

Der vielleicht wichtigste Beweis, wie wir unsere Überzeugung zum Leben erwecken, ist unsere praxisbasierte Ausbildung. In dieser schlüpfen die Teilnehmer in die Rolle des Facilitators: Nachdem der Trainer Techniken vorgestellt hat, übernimmt jeder Teilnehmer das Zepter und übt direkt an der Kleingruppe.

Das Ergebnis ist, dass die Teilnehmer neues Wissen nicht nur direkt anwenden, sondern so auch Vertrauen in die eigenen Kompetenzen gewinnen.

Facilitator werden, nicht facilitiert werden!

Die klassischen Ausbildungen sind didaktisch aufgebaut, in denen Schüler als Teilnehmer von einem „Master" lernen, ohne jemals selbst in der Rolle des Facilitators gewesen zu sein. Für manche stellt der erste Workshop dann eine RIESIGE Herausforderung dar.

Wir beide, Sean und Jens, sind genau so ausgebildet worden und wir wissen genau, wie nervös wir vor unserem ersten bezahlten Workshop gewesen sind.

Greenland
Iceland
Sweden
Russia
Canada
Hudson Bay
Labrador Sea
Northwestern Passages
Toggle fullscreen view
Ireland
Poland
Belarus
Ukraine
Kazakhstan
Mongolia
Sea of Okhotsk
France
Italy
Spain
Portugal
Greece
Turkey
Uzbekistan
Turkmenistan
Kyrgyzstan
Sea of Japan
South Korea
Japan
China
United States
North Atlantic Ocean
Morocco
Algeria
Libya
Egypt
Tunisia
Syria
Iraq
Iran
Afghanistan
Pakistan
Nepal
Saudi Arabia
Oman
India
East China Sea
Mexico
Gulf of Mexico
Cuba
Western Sahara
Mauritania
Mali
Niger
Chad
Sudan
Yemen
Gulf of Aden
Arabian Sea
Bay of Bengal
Philippine Sea
South China Sea
Vietnam
Philippines
Caribbean Sea
Guatemala
Nicaragua
Venezuela
Colombia
Guyana
Suriname
Ecuador
Burkina Faso
Guinea
Ghana
Nigeria
South Sudan
Ethiopia
Somalia
Gulf of Guinea
Laccadive Sea
Gabon
DRC
Kenya
Tanzania
Indonesia
Banda Sea
Arafura Sea
Papua New Guinea
Peru
Brazil
Bolivia
Paraguay
Chile
Argentina
Uruguay
Angola
Zambia
Mozambique
Namibia
Zimbabwe
Botswana
Madagascar
South Africa
South Atlantic Ocean
Indian Ocean
Australia
Coral Sea
Great Australian Bight
Tasman Sea

Wir besitzen globale Perspektive, Erfahrung und Reichweite

Wir sind weltweit für Unternehmen, Regierungen NGOs und Bildungseinrichtungen tätig.

Das bedeutet, dass wir die kulturellen Unterschiede und Lerntypen kennen. Daher passen wir die Kurse auf kulturelle Besonderheiten an.

Wir berücksichtigen die lokale Kultur.

Für die Ausbildung in den Vereinigten Arabischen Emiraten haben wir z. B. Pausen für die Gebetszeiten eingeplant.

In Thailand haben wir die zwei Tage auf drei kürzere verteilt. Auch dort, wo Zeit flexibler gehand- habt wird, passen wir uns den Gegebenheiten an.

Sprachen und Länder

Die roten Markierungen stehen für Orte, an denen wir Workshops geleitet und Ausbildungen durchgeführt haben. Die grünen stehen für das wachsende Netzwerk von Serious.Global-Trainingspartnern.

Unser erstes Buch SERIOUSWORK ist bereits auf Deutsch und Spanisch erhältlich. Derzeit wird es in Kantonesisch und Koreanisch übersetzt. MASTERING wird im Herbst 2021 auf Deutsch im Handel erhältlich sein.

Unser Netzwerk von Trainingspartnern wächst stetig und ist getrieben von dem Ziel, unsere Teilnehmer zu besseren Facilitatoren zu machen und sie entsprechend dem Goldstandard auszubilden.

Zum Zeitpunkt der Drucklegung (Oktober 2020) sind unsere Ausbildungen auf Englisch, Deutsch, Dänisch, Spanisch, Finnisch, Italienisch und Kantonesisch verfügbar.

Die Entfernungen schmelzen – dank Online!

Seitdem wir die Online-Ausbildung anbieten, haben wir Leute aus aller Herren Länder ausgebildet.

Über Zeitzonen hinweg haben wir Menschen aus den USA, Europa und Neuseeland zusammengebracht, um im gleichen Workshop neue Erkenntnisse zu gewinnen.

Ihr Weg zu SeriousWork

@SeriousWrk

www.linkedin.com/company/seriousglobal/

www.instagram.com/seriousglobal/

www.facebook.com/seriouswrk

www.serious.global